AF649233

DEUTSCHE AKADEMIE DER WISSENSCHAFTEN ZU BERLIN

Veröffentlichungen der Sternwarte in Sonneberg

Band 4

Heft 5

CUNO HOFFMEISTER

Die veränderlichen Sterne der nördlichen Milchstraße Teil XI

Das Feld 73 Herculis

Akademie-Verlag · Berlin 1960

Cuno Hoffmeister

Die veränderlichen Sterne der nördlichen Milchstraße Teil XI

Veröffentlichungen der Sternwarte in Sonneberg · Band 4 Heft 5

DEUTSCHE AKADEMIE DER WISSENSCHAFTEN ZU BERLIN

Veröffentlichungen der Sternwarte in Sonneberg

Band 4
Heft 5

CUNO HOFFMEISTER

Die veränderlichen Sterne der nördlichen Milchstraße
Teil XI

Das Feld 73 Herculis

Akademie-Verlag · Berlin 1960

Erschienen im Akademie-Verlag GmbH, Berlin W 8, Leipziger Straße 3—4
Copyright 1960 by Akademie-Verlag GmbH, Berlin
Alle Rechte vorbehalten
Lizenz-Nr.: 202 · 100/481/60
Gesamtherstellung: VEB Druckerei „Thomas Müntzer" Bad Langensalza
Preis: DM 15,—
Printed in Germany
ES 18 D 4

Grundlagen und Übersicht der Ergebnisse

Das Feld 73 Herculis paßt nicht ganz in den Rahmen, der durch den Titel „Die veränderlichen Sterne der nördlichen Milchstraße" gegeben ist, weil das Feld außerhalb der Milchstraße liegt. Als vor etwa 30 Jahren der Felderplan feste Gestalt annahm, war noch sehr wenig bekannt über Sternpopulationen und über die Bedeutung der Veränderlichen für die Erforschung des Aufbaus der Galaxis. Jedoch war von Anfang an vorgesehen, neben den Milchstraßenfeldern einige Felder außerhalb des galaktischen Gürtels zu bearbeiten zum Zwecke der Vergleichung. Hierzu gehören u. a. die Felder $16^h41^m + 34°$, $b = + 39°$, (Teil II, KVBB 24.5, 1941) und $\varkappa$ Lyrae, $b = 21°$, (Teil VI, Veröffentl. Stw. Sonneberg 1.419, 1951). Das Feld 73 Herculis fügt sich mit $b = 29°$ dieser Gruppe ein.

Es bestand die Absicht, das Feld gründlich zu bearbeiten, weil es mit seinem Reichtum an schwachen RR Lyrae-Sternen repräsentativ ist für die subgalaktische Zone. Das Plattenmaterial ist nicht einheitlich. Als im August 1945 der 400 mm-Astrograph verloren ging, das Instrument, auf dem die ganze weitere Planung beruhte, lagen für das Feld noch keine Reihenplatten vor. Erst nach Indienststellung der 500 mm-Schmidt-Kamera im Jahre 1952 konnte das Werk erneut gefördert werden. Jedoch ist das Feld dieses Instruments zu klein, und die 4 damit gewonnenen Reihen decken nur 47% des Gesamtfeldes. Vom Jahre 1957 ab war es durch ein Abkommen mit der Sternwarte Heidelberg-Königstuhl möglich, den Bruce-Astrographen in den Dienst der Aufgabe zu stellen. Das um die Jahrhundertwende gebaute Instrument hatte 2 Brashear-Objektive 400/2000 mm vom Petzval-Typus und unterschiedlicher Qualität. Im Jahre 1959 wurde das eine durch einen Zeiss-Vierlinser gleicher Dimensionen ersetzt, doch waren die Beobachtungen für das Feld 73 Herculis da bereits abgeschlossen. Die Sternwarte Sonneberg entsandte jeweils einen Beobachter nach Heidelberg mit der alleinigen Aufgabe, die fehlenden Reihenaufnahmen für den Felderplan zu erlangen. Als Beobachter arbeiteten an der Sternwarte Königstuhl Dipl.-Astr. Wenzel, Dipl.-Astr. G. Richter und Dipl.-Phys. Jackisch. Mit dieser Aktion war es möglich, den Mangel an Reihenplatten im wesentlichen zu beheben, wenngleich auch hierbei die Sonneberger Felder nicht voll gedeckt wurden. Herrn Prof. Dr. Kienle, Direktor der Sternwarte Heidelberg-Königstuhl, sei für sein Entgegenkommen und die Förderung des Unternehmens herzlich gedankt.

Es folgt hier die Übersicht der Platten, die für das Feld 73 Herculis vorlagen:

Instrument	Anzahl	Abgebildetes Feld	Fläche in Quadratgrad	Zeit
Triplet 170/1200 mm	153	9°16 × 9°16	83.9	242 7543 — 243 5694
Vierlinser 400/1600 mm	48	10.49 × 10.49	110.0	242 9022 — 243 1588
Bruce Astrogr. 400/2000 mm Teilfeld I	21	6.47 × 8.22	53.2	243 5953 — 243 5963
Bruce Astrogr. 400/2000 mm Teilfeld II	25	6.47 × 8.22	53.2	243 5953 — 243 5963
Bruce-Astrogr. 400/2000 mm Teilfeld III	60	6.47 × 8.22	53.2	243 5982 — 243 5991
Schmidt-Kamera 500/1720 mm Teilfeld I	43	3.80 × 3.80	14.4	243 4121 — 243 5691
Schmidt-Kamera 500/1720 mm Teilfeld II	42	3.80 × 3.80	14.4	243 4121 — 243 5668
Schmidt-Kamera 500/1720 mm Teilfeld III	60	3.80 × 3.80	14.4	243 4121 — 243 5227
Schmidt-Kamera 500/1720 mm Teilfeld IV	8	3.80 × 3.80	14.4	243 5962 — 243 5989

Insgesamt standen also 460 Platten zur Verfügung, wovon die Mehrzahl jedoch nur einen mehr oder minder großen Teil des Feldes deckt. Ich gebe noch die Mitten der Teilfelder in rechtwinkligen Koordinaten gegen den Leitstern 73 Her. Im Zusammenhang mit den oben mitgeteilten Größen der Felder und den unten folgenden Anzahlen der Vergleichungen ermöglichen diese Angaben ein Urteil darüber, welche Gegenden des Gesamtfeldes intensiv und welche weniger intensiv bearbeitet sind.

Übersicht der Teilfelder

	Δx	Δy
Bruce Astrograph I	— 2°3	+ 1°2
Bruce Astrograph II	+ 1.9	+ 1.0
Bruce Astrograph III	+ 2.7	— 1.9
Schmidt-Kamera I	— 2.1	+ 1.9
Schmidt-Kamera II	+ 0.7	— 2.9
Schmidt-Kamera III	+ 3.0	+ 1.4
Schmidt-Kamera IV	+ 2.8	— 3.0

Endlich folgt eine Übersicht der Vergleichungen von Platten verschiedener Instrumente, wobei auch jeweils die Gesamtzahl der dabei überhaupt bemerkten Veränderlichen angegeben ist.

Übersicht der Plattenvergleichungen

Nr. der Vergl.	Plattenreihe	Anzahl der Veränderl.	davon neu	Datum der Vergl.
1	170 mm-Tripl.	15	10	1935 Nov. 25
2	170 mm-Tripl.	23	14	1935 Nov. 27
3	170 mm-Tripl.	7	3	1943 Feb. 15
4	170 mm-Tripl.	18	6	1943 Feb. 19
5	170 mm-Tripl.	5	2	1943 Feb. 22
6	400 mm-Astrogr.	24	12	1945 Juli 6
7	400 mm-Astrogr.	31	19	1945 Juli 8
8	400 mm-Astrogr.	58	31	1956 Dez. 25
9	400 mm-Astrogr.	41	13	1956 Dez. 31
10	400 mm-Astrogr.	33	8	1957 Jan. 3
11	Schmidt-Kamera I	6	5	1958 April 6
12	Schmidt-Kamera I	1	0	1958 April 7
13	Schmidt-Kamera I	5	3	1958 April 8
14	Schmidt-Kamera I	4	2	1958 April 9
15	Schmidt-Kamera I	5	1	1958 April 9
16	Schmidt-Kamera II	4	1	1958 April 11
17	Schmidt-Kamera II	2	0	1958 April 12
18	Schmidt-Kamera II	4	2	1958 April 12
19	Schmidt-Kamera II	1	0	1958 April 13
20	Schmidt-Kamera II	3	1	1958 April 13
21	Schmidt-Kamera III	2	2	1958 April 16
22	Schmidt-Kamera III	7	4	1958 April 18
23	Schmidt-Kamera III	4	2	1958 April 19
24	Schmidt-Kamera III	8	0	1958 April 20
25	Schmidt-Kamera III	7	1	1958 April 20
26	Schmidt-Kamera IV	6	2	1958 April 27
27	Schmidt-Kamera IV	0	0	1958 April 28
28	Schmidt-Kamera IV	2	1	1958 April 30

Das Ergebnis der Suchaktionen läßt sich wie folgt zusammenfassen:

Instrument	Anzahl der Vergl.	gefunden insges.	davon neu	Verhältnis neu/gesamt
170 mm-Triplet	5	68	35	0.51
400 mm-Astrogr.	5	187	83	0.44
Schmidt-Kamera	18	71	27	0.38

Der durch die letzte Spalte gekennzeichnete Anteil der neuen Veränderlichen muß selbstverständlich mit fortschreitender Erschöpfung des Feldes abnehmen. Im vorliegenden Falle jedoch wird diese Abnahme stark gebremst dadurch, daß die Reichweite der Platten von Zeile zu Zeile zunimmt, was besonders wirksam ist, wenn wie hier der galaktische Halo erfaßt wird.

Je Vergleichung sind bemerkt worden auf den Platten des 400 mm-Astrographen 37.4 Veränderliche, auf den Platten der Schmidt-Kamera 3.9 Veränderliche. Nach den oben mitgeteilten Verhältnissen der Flächen wären für letztere Reihe 4.9 Veränderliche zu erwarten. Das Defizit erklärt sich dadurch, daß die Schmidt-Platten wegen der sehr kleinen Sternbilder weniger zum Aufsuchen veränderlicher Sterne geeignet sind als die Astrographenplatten. Wie inzwischen Erfahrungen mit den für die südliche Himmelsüberwachung (AN 285.151, 1959) verwandten Zeiss-Tessaren 50/165 mm gezeigt haben, die ebenfalls sehr kleine Bilder ergeben, läßt sich der Nachteil durch stärkere Vergrößerung am Komparator weitgehend vermeiden.

Figur 1 zeigt die Anordnung der Teilfelder in Beziehung zum Gesamtfeld. Die Aufgabe der Schmidt-Kamera (SC) und des Bruce-Astrographen (B) war es, dichte Reihen, d. h. jeweils mehrere Platten in einer Nacht zur Verfügung zu stellen. Die Bruce-Platten wurden nicht zum Suchen benutzt. Man erkennt, daß nur ein relativ kleiner Bereich im Südwesten des Gesamtfeldes nicht durch Reihen gedeckt ist. Ergänzend kamen noch die visuellen Beobachtungen am Newton-Spiegel von 460 mm Durchmesser hinzu. Sie dienten wie die Reihen erstens der Sicherung raschwechselnder Veränderlicher, zweitens der Untersuchung RW Aurigae-ähnlicher Sterne, bei denen erfahrungsgemäß eine erhöhte Gefahr der Fehldiagnose besteht. Aus der Zeit von 1956 August bis 1959 April standen 11179 visuelle Beobachtungen zur Verfügung, weitere 318 visuelle Beobachtungen aus den Jahren 1948 bis 1950.

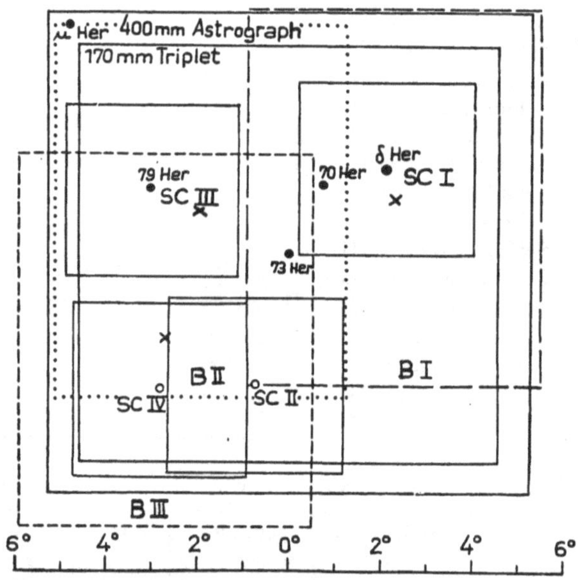

Figur 1

Um ein Urteil über die interstellare Absorption zu gewinnen, habe ich auf mehreren SC-Platten extragalaktische Objekte gezählt. Ferner wurden Sternzählungen in je 10 Quadraten von 0°171 Seitenlänge nahe der Plattenmitte vorgenommen und die Zahlen auf 1 Quadratgrad umgerechnet. Nachstehende Tabelle enthält die Ergebnisse.

Teilfeld	Extragalaktische Objekte	Sterne je Quadratgrad
SC I	62	2999
SC II	64	3317
SC III	153	3355
SC IV	349	5267

Die Unterschiede der Felder sind nicht unbedingt solche der Durchsichtigkeit, sondern dürften zum Teil auf verschiedener Qualität der Platten beruhen. Jedenfalls zeigt sich, daß das Feld 73 Herculis frei von starken Absorptionen ist. Die Zahlen sind mit der Annahme einer Absorption von $\sim 0^m\!.5$ für $r = \infty$ vereinbar.

Sicher entsteht dadurch, daß zusätzlich auf kleineren Teilfeldern gesucht worden ist, eine Inhomogenität des Materials. Indessen dürfte dies kaum von Nachteil sein, da man ja eine Statistik auch allein auf die Astrographenplatten begründen kann. Die Frage, inwieweit in einem Feld „Vollständigkeit" erreicht ist, wird leicht in ihrer Bedeutung überschätzt, denn keine ernst zu nehmende Statistik der veränderlichen Sterne wird sich der unverändert gelassenen beobachteten Anzahlen bedienen; immer muß der Weg über empirisch bestimmte Entdeckungswahrscheinlichkeiten führen (vgl. hierzu AN 250.397, 1933).

Trotz der erwähnten Inhomogenitäten dürfte das durch die Bearbeitung aufgezeigte Gemisch von Veränderlichen repräsentativ sein für die untersuchte Gegend. Es kann aber die Feststellung nicht unterdrückt werden, daß das Ergebnis mit einem bei weitem zu hohen Arbeits- und Zeitaufwand erlangt worden ist. Wenn statt der 460 Platten deren 250, aufgenommen mit den bestgeeigneten Instrumenten, zur Verfügung gestanden hätten, wäre ein vielleicht noch besseres Resultat mit viel geringerer Mühe zu erhalten gewesen.

Wie bei den früher mitgeteilten Bearbeitungen folgen hier zunächst einige summarische Angaben.

Feld	Galaktische Koordinaten l^{II}	b^{II}	Aequinoctium 1950.0 α	δ	Anzahl der Platten	Zeitabschnitt 24...	Anzahl der Veränderl.
73 Herculis	45°.6	+28°.9	260°.5	+23°.0	460	27543—35991	148

Verteilung der Veränderlichen nach Typen

Typ	Anzahl	Typ	Anzahl
Mira	6	RR Lyrae	88
Z Aquarii	3	U Gem-ähnlich	1
Mittellange Per.	2	Flare	1
Halbregelmäßig	2	RW Aurigae	4
μ Cephei	12	RW Aur-ähnlich	4
Unregelmäßig	3	Y Leporis	3
Algol	4	BO Cephei	3
β Lyrae	3	UV Bootis	5
W Ursae majoris	4		

Als unregelmäßig sind 3 schwer klassifizierbare Fälle bezeichnet, deren Lichtwechsel lange Wellen aufweist, jedoch mit Andeutungen, daß manchmal rasche Lichtänderungen im Verlauf von Stunden oder wenigen Tagen auftreten. Es besteht daher der Verdacht, daß diese Sterne zu den Veränderlichen geringer Leuchtkraft gehören, die die letzte Gruppe bilden, zumal sie nicht ausgesprochen rot sind. In der letzten Gruppe ist auch der relativ große Anteil von UV Bootis-Sternen bemerkenswert. Diese Sterne haben photometrisch die Eigenschaften des μ Cephei-Typus, sind jedoch nicht stark gefärbt. Meine Vermutung, daß hier eine neue Gruppe von Veränderlichen geringer Leuchtkraft vorliegen könnte, wird wesentlich gestützt durch eine briefliche Mitteilung (16. Aug. 1958) von G. H. Herbig, Lick Observatory, als Antwort auf meine Anfrage nach Spektren von UV Bootis: „We have a series of spectrograms of UV Bootis taken in 1944—46. I have reexamined these plates as a result of your request of July 24. The spectral type is F4 or F5 with no striking peculiarities, except that there is probably a small variation in the strength of the hydrogen lines from one spectrogram to the next. This seems to have no correlation with the magnitude variation however. The luminosity class on the Morgan-Keenan system is V or possibly IV—V, but the star is certainly not as luminous as class IV, the subgiants."

Soweit es sich um sehr schwache Sterne handelt, war die Bestimmung der Farbe und damit der Zugehörigkeit nur mit Hilfe der Palomar Observatory-Karte möglich, die bei dieser Arbeit ausgezeichnete Dienste geleistet hat. Sehr wahrscheinlich befinden sich unter den bisher als μ Cephei-Sterne klassifizierten Veränderlichen, die nicht als ausgeprägt rot erkannt sind, nicht wenige UV Bootis-Sterne. Zu prüfen wäre ferner, ob diese Sterne nicht dann und wann, wenngleich selten, raschen Lichtwechsel zeigen, womit sie den atypischen RW Aurigae-Sternen nahegerückt würden.

Veränderliche der Typen δ Cephei ($P > 1^d$) und RV Tauri wurden im Feld 73 Herculis nicht gefunden; der U Geminorum-Typus ist durch einen Grenzfall vertreten.

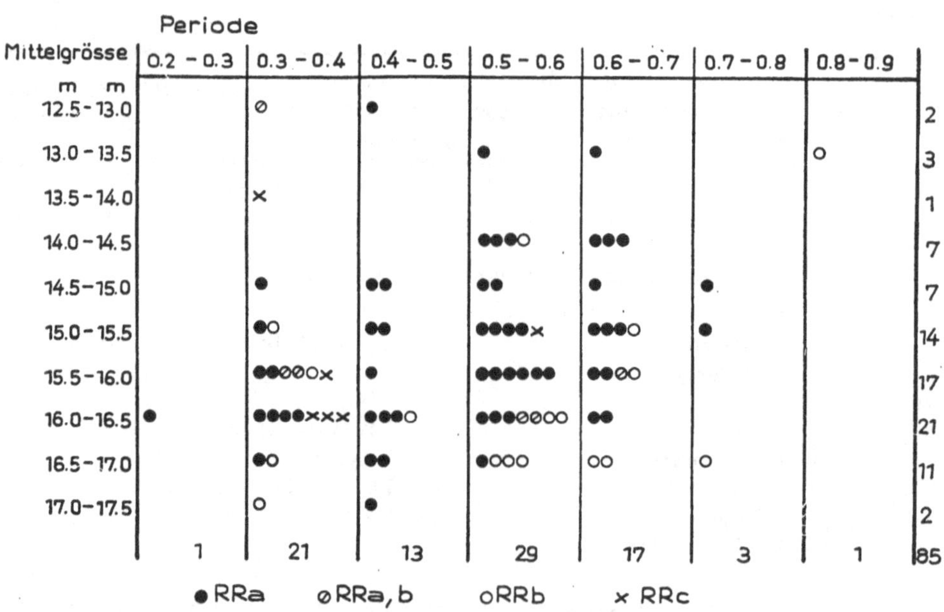

Figur 2

Die 88 RR Lyrae-Sterne sind 59.5% aller bearbeiteten Veränderlichen. Figur 2 zeigt ihre Verteilung nach Länge der Periode und scheinbarer Helligkeit, wobei noch die 3 Untertypen der Lichtkurven RRa, b, c unterschieden sind. Als RRa,b sind Sterne bezeichnet, deren konstante Kurve zwischen a und b liegt, oder deren veränderliche Kurve zwischen a und b wechselt. Daß c-Kurven überwiegend in Verbindung mit kurzen Perioden auftreten, ist bekannt. Ob die angedeutete Beziehung zwischen b-Kurven und geringer scheinbarer Helligkeit reell ist, bleibe unentschieden; hier ist ein Auswahleffekt möglich insofern, als für die schwächsten Sterne keine visuellen Beobachtungen vorliegen und die von langbelichteten Platten entnommenen Werte dazu neigen, die Kurven flacher erscheinen zu lassen, als sie in Wirklichkeit sind. Dem widerspricht indessen die Erfahrung, daß in anderen Fällen auch die langbelichteten Platten den Untertypus a deutlich erkennen lassen, zumal dann, wenn die Perioden relativ lang sind. Indessen scheint bei den Sternen des Untertypus a eine Verkürzung der mittleren Periode mit abnehmender scheinbarer Helligkeit gut belegt:

Mittl. scheinb. Größe	Mittl. Periode	Mittl. Ampl.	Anzahl
$12^m.5$—$13^m.5$ [1]	$0^d.526$	$1^m.17$	3
14.0—14.45	0.619	1.15	6
14.5—14.95	0.546	1.24	7
15.0—15.45	0.544	1.13	11
15.5—15.95	0.506	0.99	11
16.0—16.45	0.468	1.12	13
16.5—17.5	0.470	1.06	5

[1]) Das Intervall $13^m.5$ bis $14^m.0$ ist nicht besetzt

Selbstverständlich darf hierbei nicht an eine Perioden-Helligkeits-Beziehung gedacht werden. Die Deutung könnte vielmehr sein, daß in größeren Abständen von der galaktischen Ebene die kürzeren Perioden bevorzugt sind. Indessen müßte die Realität des Effekts an anderen Feldern geprüft werden, ehe man daraus irgendwelche Schlüsse zieht. Der Hinweis an dieser Stelle hat vielmehr den Zweck, zu zeigen, in welcher Richtung das Material des Felderplanes ausgewertet werden kann.

Feld 73 Herculis

C. Hoffmeister

Nr.	Name	α 1855.0	δ 1855.0	Art	Phase	Epoche 24 . . .	Periode	Max.	Min.
3189	S 4123	16h56m 42s	+26° 5′	L	Max.	29393	146d.5	13m.2	13m.9
3190	S 5226	16 57 48	+21 1	RRa	Max.	29399.486	0.6188075	14.9	16.2
3191	S 4124	16 58 0	+23 3	RRa	Max.	29369.538	0.5805956	16.1	17.0
3192	S 4125	16 58 12	+26 32	U	—	—	—	12.8	13.8
3193	150.1936	16 59 30	+21 45	RRa	Max.	29037.483	0.6131445	12.7	14.0
3194	S 4126	17 0 18	+20 20	U	—	—	—	13.3	14.1
3195	151.1936	17 0 30	+21 18	U	—	—	—	12.1	13.8
3196	S 5227	17 1 6	+27 52	A	Min.	27571.465	2.758325	12.2	14.1 v.
3197	152.1936	17 2 6	+18 42	RRc	Max.	27719.244	0.3599801	13.2	13.8 v.
3198	132.1943	17 2 9	+20 54.3	U	—	—	—	11.9	12.5
3199	S 5278	17 2 30	+25 32	RRa	Max.	29322.615	0.4471302	16.6	17.5
3200	S 4127	17 3 24	+27 56	RW	—	—	—	15.5	17.0
3201	S 4128	17 3 54	+18 9	S Vul	Max.	29380	82.76	13.8	14.8
3202	S 5228	17 4 24	+22 35	RRb	Max.	35953.440	0.543689	15.7	16.3 v.
3203	153.1936	17 5 0	+23 11	U	—	—	—	13.8	14.4
3204	S 4129	17 5 30	+23 44	RWs	—	—	—	13.2	14.5
3205	S 5229	17 5 54	+25 6	RRa	Max.	27543.489	0.5257508	14.9	16.4
3206	S 5230	17 6 18	+21 3	As?	—	—	—	15.7	16.9
3207	S 5231	17 6 24	+20 45	RRa	Max.	27550.587	0.6337180	14.8	15.9 v.
3208	S 4130	17 6 30	+20 38	H	Max.	27565	76.70	11.0	12.1
3209	S 5279	17 6 48	+24 5	RRb:	Max.	29747.483	0.3420190	16.6	17.5
3210	154.1936	17 6 48	+25 13	RRa	Max.	29402.472	0.6835066	13.9	15.0 v.
3211	S 5232	17 7 0	+21 7	RRa	Max.	29022.496	0.6343068	15.6	17.1
3212	S 5280	17 7 12	+24 46	UVB	—	—	—	16.5	17.3
3213	133.1943	17 7 30	+21 10	RRa	Max.	27543.475	0.5106303	14.3	16.1 v.
3214	S 5233	17 7 36	+24 15	U	—	—	—	15.5	16.2
3215	155.1936	17 7 54	+19 56	RRa	Max.	27719.292	0.5964724	13.8	15.0

Fortsetzung: Tabelle Feld 73 Herculis

Nr.	Name	α 1855.0	δ 1855.0	Art	Phase	Epoche 24...	Periode	Max.	Min.
3216	S 5234	$17^h\ 7^m54^s$	+28°10′	H	Max.	29368	$84^d_.1$	$15^m_.8$	$17^m_.2$
3217	S 5235	17 8 6	+21 3	RRa,b	Max.	27564.487	0.3552051	15.4	16.2
3218	S 4131	17 8 12	+24 10	As	—	—	—	15.1	16.0
3219	S 5281	17 8 24	+25 55	RRa	Max.	29322.550	0.3707308	15.7	17.0
3220	S 5236	17 8 36	+22 34	RRa	Max.	27564.491	0.6794819	14.3	15.2
3221	S 5282	17 8 42	+25 32	RRa	Max.	29366.524	0.3520452	15.6	16.5
3222	Ross 378	17 8 56	+22 35.9	RRa	Max.	29045.362	0.5907796	14.4	15.7
3223	134.1943	17 9 36	+21 36	U	—	—	—	12.4	13.0
3224	S 5237	17 9 48	+25 26	RRa	Max.	27719.294	0.5001940	15.1	16.0
3225	S 5238	17 10 12	+21 0	A	Min.	30431.535	1.346256	12.6	13.7
3226	S 5239	17 10 18	+22 10	RRa	Max.	29022.532	0.4556118	15.7	16.4 v.
3227	S 5240	17 10 24	+21 9	RRc	Max.	36363.462	0.39722	15.8	16.4
3228	S 5283	17 10 30	+23 44	UVB	—	—	—	15.4	16.3
3229	S 5241	17 10 42	+28 15	RRa	—	28314.320	0.5281428	14.9	15.9
3230	S 5242	17 11 30	+26 56	RRa	Max.	29691.631	0.5367793	15.6	16.5
3231	S 5243	17 11 36	+20 33	As	—	—	—	13.9	14.2 v.
3232	S 4132	17 12 30	+27 38	RRa	Max.	29322.591	0.4684699	15.0	16.0 v.
3233	135.1943	17 12 36	+20 24	β	Min.	28314.415	0.5894719	12.8	13.4
3234	S 5284	17 12 48	+23 47	RRa	Max.	29022.507	0.6453251	15.6	16.7
3235	S 5244	17 13 0	+19 21	RRa	Max.	29366.569	0.3262982	15.4	16.3 v.
3236	136.1943	17 14 6	+24 19	U	—	—	—	12.5	15.8
3237	S 5285	17 14 30	+25 58	RRa	Max.	29429.425	0.5891989	15.6	16.8
3238	156.1936	17 14 42	+22 15	RRa	Max.	29691.617	0.5559165	15.3	16.2 v.
3239	S 5286	17 14 48	+19 11	RRb	Max.	29322.547	0.3761690	16.1	17.0
3240	FO Her	17 14 54	+22 36	RWs	—	—	—	12.3	14.0
3241	137.1943	17 15 0	+18 43	U	—	—	—	12.5	13.8
3242	S 4133	17 15 6	+23 47	RW	—	—	—	15.5	17.1
3243	S 5287	17 15 6	+26 27	W	Min.	29322.566	0.32517464	14.9	15.5

Fortsetzung: Tabelle Feld 73 Herculis

Nr.	Name	α 1855.0	δ 1855.0	Art	Phase	Epoche 24 . . .	Periode	Max.	Min.
3244	S 5288	$17^h15^m\ 6^s$	+26°40′	RRa	Max.	28662.433	$0^d.5297446$	$12^m.8$	$13^m.9$ v.
3245	158.1936	17 15 18	+27 6	L	Max.	27503	425.7	11.5	18.0
3246	V 350 Her	17 15 48	+24 54	U	—	—	—	11.8	12.7
3247	S 5245	17 16 6	+18 3	RRa	Max.	29747.504	0.4360573	12.2	13.3
3248	S 4135	17 16 12	+21 6	RRb	Max.	28341.519	0.6528598	15.4	16.2 v.
3249	S 5246	17 16 36	+24 54	RW ?	—	—	—	16.1	17.7
3250	S 5289	17 16 48	+24 42	UVB	—	—	—	15.7	16.7
3251	138.1943	17 17 0	+22 49	RRb	Max.	29399.396	0.5562247	13.8	14.6
3252	S 5247	17 17 18	+27 52	RRa	Max.	29366.578	0.5138661	15.4	16.5 v.
3253	S 5248	17 17 42	+26 16	RRa	Max.	27571.410	0.5554475	15.2	16.3
3254	S 4136	17 17 54	+18 50	RRa	Max.	27571.470	0.4810238	14.8	16.0
3255	S 4137	17 18 48	+18 28	RRa	Max.	27924.327	0.4942733	14.3	15.6
3256	S 5290	17 18 48	+18 51	RRc	—	34121.488	0.374595	15.8	16.3
3257	159.1936	17 19 12	+20 53	RRa	Max.	27599.495	0.5936897	13.4	14.6
3258	S 5291	17 19 24	+19 40	μ	—	—	—	14.4	15.4
3259	S 4138	17 19 24	+21 52	L	Max.	27620	168.36	15.0	16.2
3260	S 5249	17 20 48	+25 52	RRa	Max.	29322.630	0.483306	15.9	17.2
3261	S 4139	17 20 48	+26 0	RRa	Max.	29022.497	0.4117177	15.9	16.6
3262	160.1936	17 20 48	+27 5	RRb	Max.	27543.571	0.8059317	12.8	13.6
3263	161.1936	17 20 54	+23 0	RWs	—	—	—	13.8	15.2
3264	S 5250	17 21 12	+24 11	RRa	Max.	27543.443	0.3308102	15.3	16.4
3265	S 5251	17 21 24	+22 22	β	Min.	30131.441	0.822300	15.7	16.2
3266	S 5252	17 21 54	+27 6	RR	Max.	29399.414	0.555089	16.0	16.8
3267	S 5253	17 22 0	+27 3	RRa,b	Max.	29369.487	0.5879394	15.8	17.0
3268	S 5292	17 22 6	+21 25	RRa	Max.	29322.650	0.7368995	14.6	15.4
3269	S 4140	17 22 48	+20 43	RRa	Max.	29022.527	0.5753114	14.0	14.8
3270	S 5254	17 23 24	+23 31	RWs	—	—	—	14.5	16.1
3271	162.1936	17 23 36	+22 56	A	Min.	27543.421	1.4966132	13.9	15.0

Fortsetzung: Tabelle Feld 73 Herculis

Nr.	Name	α 1855.0	δ 1855.0	Art	Phase	Epoche 24 . . .	Periode	Max.	Min.
3272	S 5293	$17^h 23^m 36^s$	$+25° 42'$	RRb	Max.	29399.500	$0^d.5444548$	$16^m.2$	$17^m.3$
3273	163.1936	17 23 54	+21 4	RRa	Max.	27550.553	0.4596560	14.6	15.9 v.
3274	S 5294	17 24 6	+18 15	RRa	Max.	29399.471	0.4678909	16.0	17.3
3275	164.1936	17 24 12	+25 30	U	—	—	—	15.0	15.9
3276	S 5255	17 24 18	+19 20	RRb	Max.	29399.456	0.329492	15.0	16.1
3277	S 5256	17 24 18	+19 45	RRc	Max.	27550.582	0.5427273	14.6	15.5
3278	165.1936	17 24 18	+23 43	RW	—	—	—	13.8	15.2
3279	NS Her	17 25 30	+21 57	U	—	—	—	12.7	13.9
3280	S 5295	17 24 36	+26 0	β	Min.	29495.386	0.33621098	14.7	15.5 v.
3281	S 5257	17 25 42	+21 53	RRa	Max.	27924.392	0.5494789	15.5	16.7
3282	S 5296	17 25 42	+22 45	RRa	Max.	29691.561	0.6260420	15.2	15.9
3283	S 5258	17 25 42	+26 48	RRc	Max.	35955.458	0.351742	15.6	16.3
3284	S 5259	17 25 54	+18 21	RRa,b	Max.	29322.585	0.3762347	12.6	13.2 v.
3285	S 5260	17 25 54	+23 15	RRb	Max.	29022.490	0.5488425	15.7	16.6
3286	S 5297	17 26 0	+23 58	RRa	Max.	30499.523	0.369240	16.3	17.2
3287	167.1936	17 26 12	+21 31	RRa	Max.	28630.598	0.7179178	14.4	15.5
3288	S 5261	17 26 24	+19 1	RRa	Max.	29366.613	0.5554943	15.6	16.3 v.
3289	LU Her	17 26 42	+26 18	L	Max.	27581	217.54	12.4	17.5
3290	S 5262	17 26 42	+27 33	RRa	Max.	29022.487	0.6003396	14.5	15.6
3291	V 351 Her	17 26 54	+25 32	RWs	—	—	—	11.6	12.6
3292	S 5263	17 27 6	+23 6	RRb	Max.	34131.501	0.515828	16.0	17.1
3293	S 5264	17 27 12	+18 50	U	—	—	—	13.7	14.3
3294	GP Her	17 27 24	+23 42	L	Max.	27543	258.65	11.8	17.2
3295	169.1936	17 27 48	+22 44	RRa	Max.	27719.281	0.3905308	14.8	15.8 v.
3296	S 5265	17 28 6	+26 54	A	Min.	29322.619	2.651009	14.9	15.6
3297	S 5298	17 28 18	+18 3	RRa	Max.	29322.598	0.6307071	13.7	14.8
3298	S 4142	17 29 0	+22 54	RRa	Max.	29402.449	0.3815794	16.0	16.9
3299	S 4143	17 29 12	+26 40	RRa,b	Max.	28248.528	0.3203689	15.1	16.0 v.

Fortsetzung: Tabelle Feld 73 Herculis

Nr.	Name	α 1855.0	δ 1855.0	Art	Phase	Epoche 24 . . .	Periode	Max.	Min.
3300	S 5266	$17^h 29^m 30^s$	+23° 8′	W	Min.	27571.460	0ᵈ4921282	15ᵐ5	15ᵐ8 v.
3301	S 5267	17 29 30	+26 57	RRa	Max.	27543 453	0.5571380	14.2	15.5
3302	139.1943	17 29 36	+18 35	U	—	—	—	12.8	13.9
3303	NU Her	17 29 54	+22 22	L	Max.	27475	324.6	13.0	17.8
3304	170.1936	17 30 42	+23 24	U	—	—	—	13.1	14.4
3305	S 5268	17 31 0	+21 19	U	—	—	—	11.7	12.8
3306	S 5269	17 31 18	+24 54	RRb	Max.	29399.486	0.6417657	16.3	17.4
3307	S 4144	17 31 30	+19 53	RRb	Max.	30024.639	0.5134647	15.8	16.4 v.
3308	S 5270	17 31 30	+24 49	RRa	Max.	30024.600	0.3413878	15.3	16.7
3309	141.1943	17 31 48	+18 57	RR	Max.	35938.575	0.377957	14.4	15.5 v.
3310	S 4145	17 31 48	+25 27	RWs	—	—	—	13.8	15.0
3311	S 4146	17 32 6	+18 21	RRa	Max.	27543.498	0.5490263	14.6	15.5 v.
3312	S 5271	17 32 6	+24 42	RRa	Max.	34533.400	0.296780	15.8	16.7
3313	S 5272	17 32 24	+24 41	RRa	Max.	29747.477	0.5004362	14.9	15.8
3314	171.1936	17 33 18	+22 49	L	Max.	27730	308.65	13.1	16.8
3315	S 4147	17 33 24	+20 0	RRb	Max.	27599.494	0.6309283	15.2	15.7 v.
3316	172.1936	17 33 24	+21 20	RRa, b	Max.	27543.503	0.6041644	15.1	15.9 v.
3317	S 5299	17 33 42	+25 18	RWs ?	—	—	—	16.2	17.4
3318	S 4148	17 34 18	+21 47	RRc	Max.	35953.610	0.34784	16.1	16.7
3319	S 5300	17 34 24	+24 21	W	Min.	30024.654	0.3037689	15.3	15.7 v.
3320	S 5273	17 34 30	+22 54	RRa	Max.	29037.358	0.5144034	13.8	15.2
3321	S 5274	17 34 30	+25 30	UGs	—	—	—	15.4	16.8
3322	S 4149	17 34 54	+23 54	RRa	Max.	29747.507	0.4776845	15.2	16.8
3323	142.1943	17 34 54	+24 7	RRa	Max.	27550.530	0.6339664	13.6	15.1
3324	S 5301	17 35 12	+19 14	RR	—	36482.340	0.51485	15.8	17.0
3325	S 5275	17 35 12	+25 23	RRa	Max.	28302.387	0.5740059	14.7	15.8
3326	S 4150	17 35 18	+19 29	RR	Max.	29022.583	0.597303	16.1	17.1
3327	S 5302	17 35 24	+24 54	W	Min.	29402.420	0.4632348	16.4	17.1

Fortsetzung: Tabelle Feld 73 Herculis

Nr.	Name	α 1855.0	δ 1855.0	Art	Phase	Epoche 24 . . .	Periode	Max.	Min.
3328	S 5303	$17^h 35^m 30^s$	$+24^\circ 47$	RRb	Max.	29022.517	$0^d.5163648$	$16^m.2$	$17^m.2$
3329	NW Her	17 35 36	+19 5	L	Max.	27573	127.12	15.1	17.0
3330	S 5276	17 35 54	+20 16	RRb	Max.	29366.556	0.746803	16.2	17.0
3331	173.1936	17 36 0	+19 46	U	—	—	—	13.6	14.5
3332	S 5304	17 36 0	+23 53	RRb	Max.	28248.482	0.3149948	14.7	15.6 v.
3333	S 4152	17 36 42	+20 11	H	Max.	30049	205.9	14.1	15.8
3334	S 5277	17 37 12	+23 34	RRb	Max.	29322.581	0.6260952	16.1	17.0
3335	S 4153	17 37 42	+23 1	RRa	Max.	29022.532	0.4792011	13.8	15.4
3336	NX Her	17 39 48	+19 26.7	L	Max.	26157	293.6	13.2	17.1

Feld 73 Herculis

C. Hoffmeister

3189. S 4123 Her Z Aquarii-Art; $13^m_{\cdot}2$—$13^m_{\cdot}9$

$M = 2429393 + 146.5 \cdot E$

$M—m = 72^d$ Form der Lichtkurve β_2

Max.	E	$B—R$	Max.	E	$B—R$
2429390	0	—3	2431140	12	—11
2430133	5	+7	1290	13	— 8
0270	6	—2	1452	14	+ 8
0420	7	+2	1595	15	+ 5
0865	10	+7			

Der Stern steht außerhalb des Feldes der Triplet-Platten und ist nur auf den Platten des Astrographen 400/1600 mm beobachtet. Die Lichtkurve scheint nur wenig veränderlich zu sein.

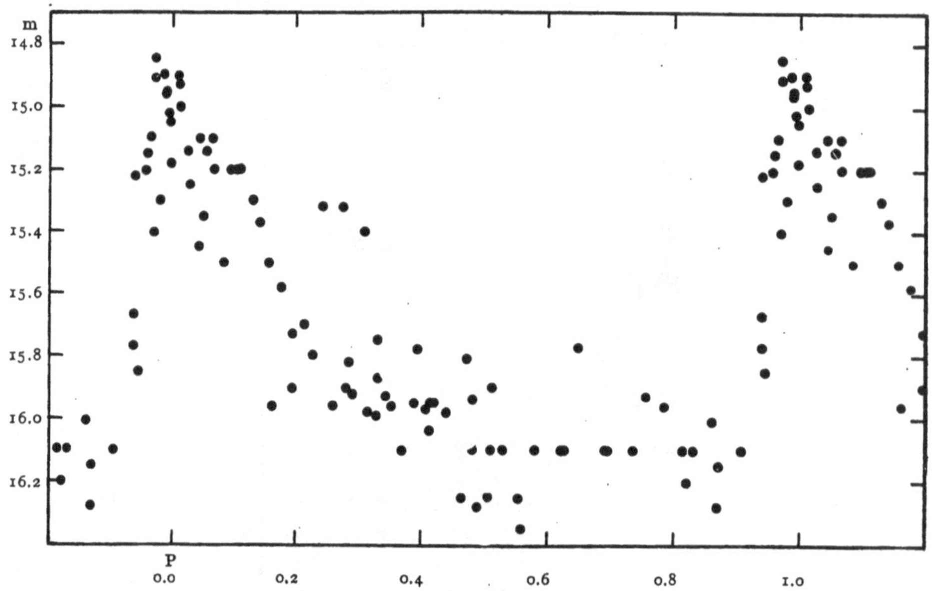

S 5226 Her

3190. S 5226 Her RR Lyrae-Stern; $14^m_{\cdot}9$—$16^m_{\cdot}2$

$M = 2429399.486 + 0.6188075 \cdot E$

$M—m = 0^d_{\cdot}050$ Typus RRa

Max.	E	$B—R$
2429399.456*	0	—0.030
9691.581*	472	+0.018
2430102.478*	1136	+0.027
909.467:	2440	+0.091
1555.460:	3484	+0.049
6006.505	10677	+0.011

Max.	E	$B—R$
2436019.471*	10698	—0.018
6021.380	10701	+0.035
6024.430*	10706	—0.009
6027.535	10711	+0.002
6125.290*	10869	—0.015
6130.260	10877	+0.005

* gute Maxima

3191. **S 4124 Her** RR Lyrae-Stern; 16^m1—17^m0

$$M = 2429369.538 + 0.5805956 \cdot E$$
$$M—m = 0^d09 \text{ Typus RRa}$$

Max.	E	$B—R$
2429369.508	0	—0.030
9429.429:	103	+0.090
9747.487	651	—0.019
2430114.467	1283	+0.025
0254.343:	1524	—0.023
0382.662	1745	—0.015
0464.572	1886	+0.031
1145.638	3059	+0.058
1223.413	3193	+0.033
1345.344	3403	+0.039
1555.460:	3765	—0.020
1587.428	3820	+0.015
5953.520:	11340	+0.028
5960.424:	11352	—0.035

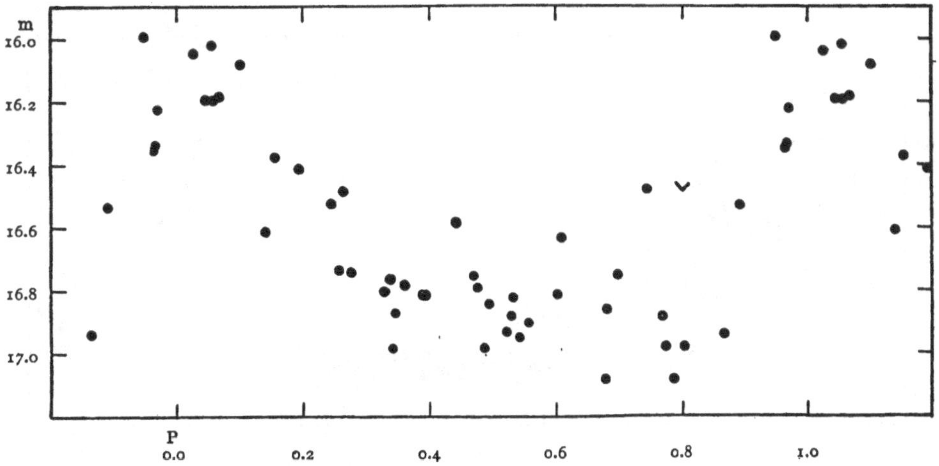

S 4124 Her vis.

3192. **S 4125 Her** μ Cephei-Stern; $12^{\text{m}}.8$—$13^{\text{m}}.8$

Man konnte im Zweifel sein, ob der Veränderliche etwa den Halbregelmäßigen der VY Cassiopeiae-Art zuzuteilen sei, denn eine Periode von 90^{d} scheint über eine Reihe von Zyklen wirksam, besonders von 243 0000 bis 1350, jedoch ist die Kurvengestalt so wechselnd, daß der Eindruck unregelmäßigen Lichtwechsels vorherrscht. Bei 243 1500 ist ein Stillstand von etwa 100^{d} Dauer beobachtet. Der Stern ist rötlich.

3193. **150.1936 Her** RR Lyrae-Stern; $12^{\text{m}}.7$—$14^{\text{m}}.0$

$M = 2429037.483 + 0.6131445 \cdot E$

$M—m = 0^{\text{d}}12$ Typus RRa

Max.	E	$B—R$
2429037.408	0	—0.075
9322.591	465	—0.004
9747.487	1158	—0.017
9752.396	1166	—0.013
9787.441	1223	+0.082
9790.465	1228	+0.041
2430024.659	1610	+0.013
0072.475	1688	+0.004
0145.439	1807	+0.004
0793.542	2864	+0.013
1207.463	3539	+0.062
1223.413	3565	+0.070
3090.467	6610	+0.099
3736.580	7664	—0.042
3828.560	7814	—0.034
5694.468	10857	+0.075
5699.365	10865	+0.067
5700.545	10867	+0.021

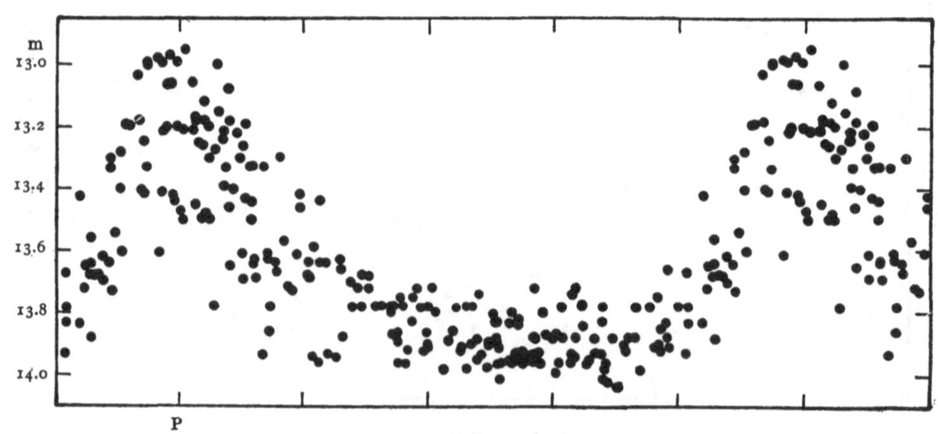

150.1936 Her vis.

Max.	E	$B—R$
2435933.532	11247	+0.013
5946.410	11268	+0.015
5952.522	11278	—0.005
5960.453	11291	—0.045
5979.493	11322	—0.012
5984.430	11330	+0.020
5987.458	11335	—0.018
5990.515	11340	—0.027

Die letzten 10 Maxima sind visuell beobachtet. Dabei ergab sich, daß die Höhe der Maxima um etwa 0^m4 wechseln kann, ebenfalls die Kurvenform. Die Werte der $B—R$ deuten auf Unregelmäßigkeiten der Periode hin.

3194. **S 4126 Her** μ Cephei-Stern; 13^m3—14^m1

Zeitweilig ist der Lichtwechsel lebhaft mit Wellen sehr wechselnder Amplitude von 60^d bis 80^d Länge, doch sind auch Kurvenstücke beobachtet, bei denen für die Dauer von 100^d bis 200^d die Amplitude auf 0^m2 herabgesetzt ist. Regelmäßigkeit ist nirgends erkennbar. Der Stern ist rötlich.

3195. **151.1936 Her** μ Cephei-Stern; 12^m1—13^m8

Der Stern ist stark rot; auf Platten der Sorte Kranz I (orthochromatisch) ist er 0^m7 heller, auf Blauplatten 1^m2 schwächer als auf der meistverwendeten Plattensorte Kranz Ultra, auf die sich die Bestimmung der Grenzgrößen bezieht. Der Lichtwechsel erfolgt in regellosen Wellen von 100^d bis 150^d Länge, deren Amplituden im Einzelfall 1^m übersteigen können. Eigentlicher Stillstand ist nie beobachtet, nur von 2431500 bis 1650 ein Abschnitt sehr langsamen Aufstiegs um 0^m5. Dagegen besteht Verdacht auf gelegentliche rasche Lichtänderungen, ohne daß dafür ein Beweis erhalten werden konnte.

3196. **S 5227 Her** Algol-Stern; 12^m2—14^m1 vis.

$m = 2427571.465 + 2.758325 \cdot E$
$D = 0^p14 = 0^d385 \quad d = 0^d00$

Min.	E	$B—R$
2427571.510*	0	+0.045
8302.425*	265	+0.004
8630.578	384	—0.084
2430412.594	1030	+0.054
0787.628*	1166	—0.044
0798.620	1170	—0.085
1223.413	1324	—0.074
1314.401	1357	—0.111
1554.575	1444	+0.089
1645.458	1477	—0.053
3002.554*	1969	—0.053
3096.464*	2003	+0.074

Min.	*E*	*B—R*
2433827.435	2268	+0.089
6075.382*	3083	+0.001
6086.425	3087	+0.011
6108.480*	3095	—0.001
6133.307	3104	+0.001

* sichere Minima. Die letzten 4 Epochen sind visuell beobachtet.

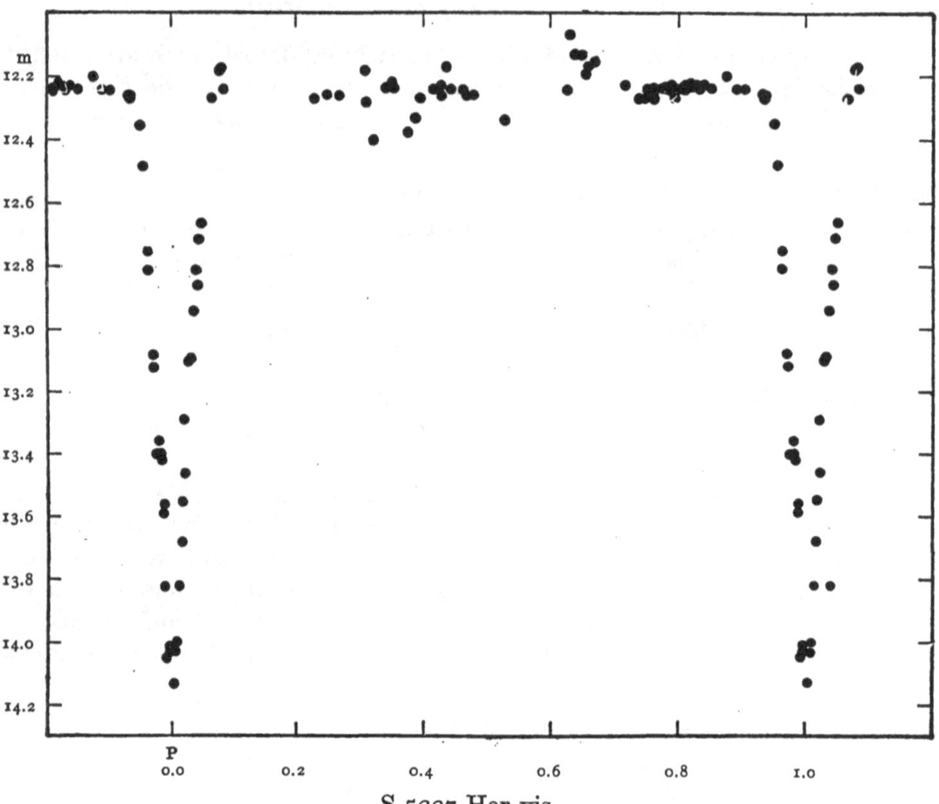

S 5227 Her vis.

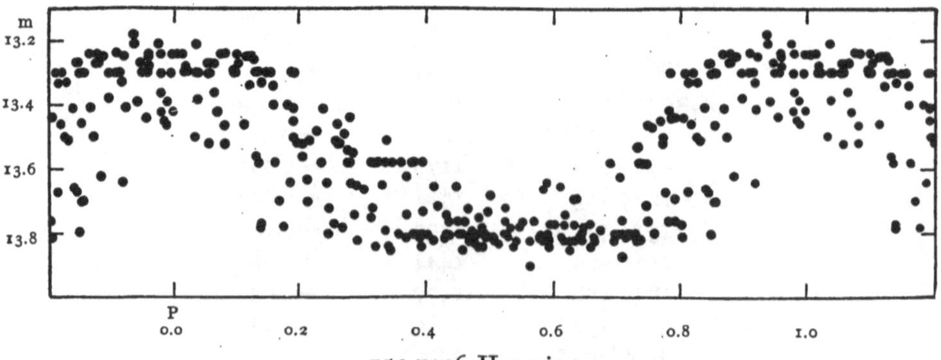

152.1936 Her vis.

3197. 152.1936 Her RR Lyrae-Stern; $13^m_.2$—$13^m_.8$ vis.

$M = 2427719.244 + 0.3599801 \cdot E$

$M—m = 0^d_.11$ Typus RRc

Max.	E	$B—R$
2427719.296	0	+0.052
7924.402	570	—0.031
8662.413	2620	+0.021
9023.434	3623	—0.018
9045.432	3684	+0.021
9322.591	4454	—0.004
9402.456	4676	—0.055
9428.451	4748	+0.021
9429.429	4751	—0.080
9691.581	5479	+0.006
9878.363	5998	—0.042
2430072.475	6537	+0.041
0224.376	6959	+0.030
0308.235	7192	+0.014
0412.594	7482	—0.021
0585.380	7962	—0.026
0820.444	8615	—0.029
0847.414	8690	—0.057
0937.430	8940	—0.036
1323.400	10012	+0.035
1584.446	10737	+0.096
1589.426	10751	+0.036
3330.631	15588	+0.017
3805.475	16907	+0.047
5933.593	22819	—0.037
5934.374	22821	+0.024
5948.435	22860	+0.046
5952.358	22871	+0.009
5959.541	22891	—0.007
5960.583	22894	—0.045
5962.420	22899	—0.008
5963.490	22902	—0.018
5967.482	22913	+0.014
5972.517	22927	+0.009
5977.505	22941	—0.042
5986.555	22966	+0.008
5989.453	22974	+0.026
5990.503	22977	—0.004
5991.542	22980	—0.045
6007.427	23024	+0.001
6008.476	23027	—0.030
6018.551	23055	—0.034
6020.394	23060	+0.009

Max.	E	$B—R$
2436021.460	23063	—0.005
6025.433	23074	+0.008
6038.395	23110	+0.011

Die abnorm starke Streuung der Beobachtungen deutet auf Unregelmäßigkeiten hin, die auch an den einzelnen Nachtreihen erkannt werden können.

3198. **S 3459 = 132.1943 Her** μ Cephei-Stern; $11^{\mathrm{m}}.9$—$12^{\mathrm{m}}.5$

Der Veränderliche, BD + 20° 3401 ($9^{\mathrm{m}}.5$), ist rötlich und weist einen wenig charakteristischen Lichtwechsel auf, der im wesentlichen aus flachen Wellen von 50^{d} bis 100^{d} Länge besteht. Abschnitte mit Lichtänderungen unter $0^{\mathrm{m}}.2$ sind bis zur Dauer von etwa 140^{d} nachgewiesen. Helligkeitsänderungen von $0^{\mathrm{m}}.4$ bis $0^{\mathrm{m}}.5$ in 25^{d} kommen vor.

3199. **S 5278 Her** RR Lyrae-Stern; $16^{\mathrm{m}}.6$—$17^{\mathrm{m}}.5$

$$M = 2429322.615 + 0.4471302 \cdot E$$
$$M—m = 0^{\mathrm{d}}.078 \quad \text{Typus RRa}$$

Max.	E	$B—R$
2429322.591:	0	—0.024
9366.571:	98	+0.137
2430024.659:	1570	+0.050
0114.467:	1771	—0.016
0259.325	2095	—0.028
0457.496:	2538	+0.065
0464.572	2554	—0.014
0499.489	2632	+0.027
0909.467	3549	—0.013
4131.451	10755	—0.049
4152.500	10802	—0.015
4190.506:	10887	—0.015
4456.605:	11482	+0.041
4486.527	11549	+0.005
5655.413:	14163	+0.093
5667.450:	14190	+0.057

Die als unsicher bezeichneten Epochen sind hier überwiegend solche, die den Stern unter Maximalhelligkeit zeigen.

3200. **S 4127 Her** RW Aurigae-Art; $15^{\mathrm{m}}.5$—$17^{\mathrm{m}}.0$

Der Stern steht in der Nordwestecke des Feldes und ist nur auf Platten des Astrographen 400/1600 mm zu beobachten. Die Aufzeichnung der Helligkeitswerte deutet auf völlig regellosen Lichtwechsel hin. RR Lyrae-Art wird durch die Verteilung der Beobachtungen ausgeschlossen: Häufung bei $16^{\mathrm{m}}.4$, Streuung bis $17^{\mathrm{m}}.0$. Der Annahme von δ Cephei-Art widerspricht eine Folge von 4 bzw. 5 Werten, die den Stern über 14 bzw. 29 Tage konstant bei 14^{m}.45 zeigen. Gesichert ist eine Änderung um 0^{m}.85 in 5^{d}, sehr wahrscheinlich eine solche von 1^{m}.3 in 1^{d}. Nach Palomar Obs.-Karte ist der Stern nicht merklich gefärbt.

3201. **S 4128 Her** S Vulpeculae-Stern; 13^{m}.8—14^{m}.8

$M = 2429380 + 82.76 \cdot E$

Max.	E	$B—R$
2429382	0	+2
2430128	9	+3
0206:	10	—2
0288:	11	—2
0375:	12	+2
0454	13	—2
0787	17	0
1200	22	—1
1451:	25	+2

Der Stern ist nur auf den Platten des Astrographen 400/1600 mm enthalten; auch hier ist die Beobachtung durch äußerste Randnähe etwas erschwert.

3202. **S 5228 Her** RR Lyrae-Stern; 15^{m}.7—16^{m}.3 vis.

$M = 2435953.440 + 0.543689 \cdot E$

$M—m = 0^{d}.11$ Typus RRb

Max.	E	$B—R$
2435953.430	0	—0.010
5960.575	13	+0.067
6307.435	651	+0.053
6321.554	677	+0.037
6364.451	756	—0.018
6370.450	767	+0.001
6395.473	813	+0.014
6419.375	857	—0.006
6420.440	859	—0.029
6456.355	925	+0.003

Die ersten beiden Maxima sind photographisch, die folgenden visuell beobachtet. Die Periode ist so ermittelt worden, daß sie auch früher beobachtete, aber wenig sichere Maxima bestmöglich darstellt.

3203. **153.1936 Her** UV Bootis-Stern; 13^{m}.8—14^{m}.4

Der Lichtwechsel verläuft langsam und regellos. Der Stern ist schwach gefärbt und auf Blauplatten nur etwa um 0^{m}.35 schwächer als auf den normalen Kranz-Ultra-Platten. Auf stärker gelbempfindlichen Platten (Kranz I) liegt die Helligkeit um nicht mehr als 0^{m}.5 über derjenigen der Blauplatten. Das Spektrum ist also wahrscheinlich früher als bei normalen μ Cephei-Sternen. Die Blauplatten zeigen überdies nur sehr geringen Lichtwechsel zwischen $14^m_{.}35$ und $14^m_{.}55$. In Übereinstimmung damit zeigen die Platten der Schmidt-Kamera (Agfa Astro) Lichtschwankungen von $14^m_{.}45$ bis $14^m_{.}65$. Die oben angegebenen Grenzgrößen beziehen sich auf die schwach orthochromatischen Platten Kranz Ultra.

3204. **S 4129 Her** Y Leporis-Art; $13^m_{.}2$—$14^m_{.}5$

Mit seinem unruhigen Lichtwechsel und der rötlichen Farbe entspricht der Stern recht gut dem Prototyp, wie ich diesen in Sonnebg. Veröffentl. 3.347 gekennzeichnet habe. Die Wellen von stark wechselnder Amplitude sind meist regellos, nur manchmal ist eine Periode von etwa 70^d angedeutet. Gesichert sind Aufstiege von $0^m_{.}6$ in 20^d und $0^m_{.}9$ in 25^d, ein Abstieg von $1^m_{.}1$ in höchstens 30^d. Reihenaufnahmen mittels der Schmidt-Kamera belegen einen anscheinend gesicherten Abstieg von $0^m_{.}3$ in 1^d, zeigen aber auch, daß solche Vorkommnisse offenbar selten sind.

3205. **S 5229 Her** RR Lyrae-Stern; $14^m_{.}9$—$16^m_{.}4$

$$M = 2427543.489 + 0.5257508 \cdot E$$
$$M - m = 0^d_{.}065 \quad \text{Typus RRa}$$

Max.	E	$B-R$
2427543.473	0	—0.016
9322.591	3384	—0.039
2430077.571	4820	—0.037
0104.454	4871	+0.033
0114.467	4890	+0.057
0145.439	4949	+0.009
0146.481	4951	0.000
0464.572	5556	+0.012
0791.582	6178	+0.005
0820.444	6233	—0.050
1289.455	7125	—0.008
1555.460	7631	—0.033
1584.446	7686	+0.036
1940.435	8363	+0.092
3096.464	10562	—0.005
4454.520	13145	+0.037
4455.580	13147	+0.045
4456.605	13149	+0.019
4457.630	13151	—0.008
4473.422	13181	+0.012
4475.510	13185	—0.003
4486.527	13206	—0.027
4487.586	13208	—0.020
5953.398	15996	—0.001

Die aus Reihen erhaltenen 9 letzten Maxima sind weniger sicher als normal.

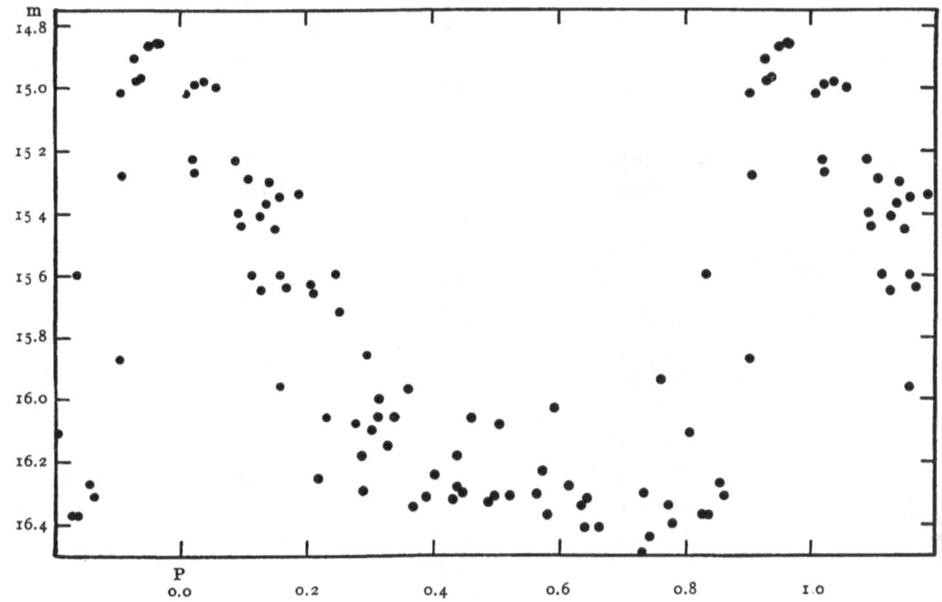

S 5229 Her

3206. **S 5230 Her** Algol-ähnlich ?; $15^{m}.7$—$16^{m}.9$

Auf Platten des Astrographen 400/1600 mm sind folgende Schwächungen beobachtet:

2429366.571	$16^{m}.21$
9429.429	16.20
9691.581	16.56
9747.487	16.52
2430131.439	16.40
0224.376	16.90
0259.325	16.38
0464.572	16.80

Die Platten des 170 mm-Triplets sind wegen der Schwäche des Sterns von geringem Nutzen und ergeben keine tiefen Minima. Eine kurze Heidelberger Reihe zeigt den Veränderlichen im Normallicht. Der Versuch einer Bestimmung der Periode verlief ergebnislos. Das Normallicht liegt bei $15^{m}.9$. Für die oben gegebene Deutung spricht auch der Umstand, daß zwei augenscheinlich sichere Beobachtungen den Stern in der Größe $15^{m}.7$ zeigen.

3207. **S 5231 Her** RR Lyrae-Stern; $14^{m}.8$—$15^{m}.9$ vis.

$M = 2427550.587 + 0.6337180 \cdot E$

$M—m = 0^{d}073$ Typus RRa

Max.	E	$B—R$
2427550.587	0	0.000
7564.525	22	—0.004

Max.	*E*	*B—R*
2427931.444	601	—0.008
8341.469	1248	+0.002
9023.434:	2324	+0.086
2430024.659	3904	+0.037
0104.454	4030	—0.017
0132.459	4074	+0.105
0382.662	4469	—0.011
0457.496	4587	+0.045
0787.628	5108	+0.009
1203.411	5764	+0.073
1317.406	5944	—0.001
1345.344	5988	+0.054
1451.706	6156	—0.049
1587.428	6370	+0.057
1964.446	6965	+0.013
3412.450	9250	—0.028
6021.484	13367	—0.012
6023.410	13370	+0.013
6073.449	13449	—0.011
6075.365	13452	+0.003
6108.313*	13504	—0.002
6113.387*	13512	+0.002
6160.278	13586	—0.002

Die 7 letzten Maxima sind visuell beobachtet; die mit * bezeichneten sind die sichersten.

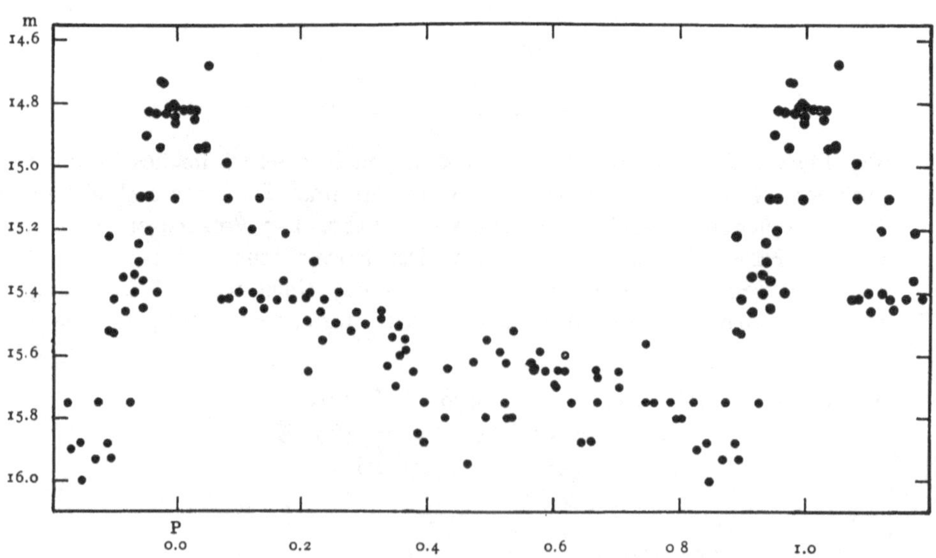

S 5231 Her vis.

3208. **S 4130 Her** V Ursae minoris-Art; $11^m_.0$—$12^m_.1$

$$M = 2427565 + 76.70 \cdot E$$

Max.	E	$B—R$
2427585	0	+20
8341	10	+ 9
8649	14	+10
9800	29	+11
2430025	32	+ 6
0103	33	+ 7
0185	34	+12
0393	37	—10
0473	38	— 7
0551	39	— 5
0848	43	—15
0927	44	—13
1231	48	—16
1315	49	— 8
1452	51	—25
1530	52	—23
1608	53	—22
1932	57	— 5
2014	58	0
3025	71	+14
3098	72	+11
3170	73	+ 6
3248	74	+ 7
3388	76	— 6
3459	77	—12
3793	81	+15
5698	106	+ 3

Der Lichtwechsel entspricht genau der in GuL III p. VII gegebenen Kennzeichnung: „Die mittlere Periode bleibt dauernd wirksam, doch treten in den einzelnen Erscheinungen starke Abweichungen bis zu einem Drittel der Periode auf.“ Der Stern ist rötlich; die Grenzgrößen sind auf schwach gelbsensibilisierten Platten bestimmt. Blauhelligkeiten liegen um etwa $0^m_.4$ tiefer, visuelle Helligkeiten um $0^m_.5$ höher. Die Einzelwellen umfassen selten die ganze Amplitude; oft sind sie abgeflacht, manchmal bis auf $0^m_.3$. Eine visuelle Teilreihe von 29 Beobachtungen zwischen 2432804 und 2893 zeigt den Stern unverändert bei der Größe $11^m_.15$ vis. Insgesamt standen 156 visuelle Beobachtungen zur Verfügung.

3209. **S 5279 Her** RR Lyrae-Stern; $16^m_.6$—$17^m_.5$

$$M = 2429747.483 + 0.3420190 \cdot E$$
$$M—m = 0^d_.10\text{: Typus RRb:}$$

Max.	E	$B—R$
2429747.487	0	+0.004
2430077.571	965	+0.040
0102.478	1038	—0.021
0114.467	1073	—0.002
0254.343	1482	—0.012
0457.496	2076	—0.018
4121.542	12789	—0.022
4133.523	12824	—0.012
4475.592	13824	+0.038
4487.556	13859	+0.032
4488.581	13862	+0.031
5314.526	16277	0.000

Wegen der Schwäche des Sterns konnte die Richtigkeit des Ergebnisses nicht völlig gesichert werden.

3210. 154.1936 Her RR Lyrae-Stern; $13^{m}\!.9$—$15^{m}\!.0$ vis.

$M = 2429402.472 + 0.6835066 \cdot E$

$M—m = 0^{d}\!.078$ Typus RRa

Max.	E	$B—R$
2429402.456	0	—0.016
9428.451	38	+0.006
9495.386	136	—0.043
9691.581	423	—0.014
9750.408	509	+0.031
9752.396	512	—0.031
2430104.454	1027	+0.021
0132.459	1068	+0.002
0145.439	1087	—0.005
0380.658	1431	+0.088
0382.662	1434	+0.042
0499.489	1605	—0.011
0588.401	1735	+0.045
0847.414	2114	+0.009
1255.454	2711	—0.004
3330.631	5747	+0.047
3356.606	5785	+0.048
3712.635:	6306	—0.030
3812.515:	6452	+0.058
4121.419	6904	+0.017
4151.430	6948	—0.046
4455.609	7393	—0.027
4473.422	7419	+0.015
4475.440	7422	—0.018
5600.550:	9068	+0.040
5695.516	9207	—0.001

Max.	E	$B-R$
2435924.487	9542	−0.005
5952.517	9583	+0.001
5956.614	9589	−0.003
5963.462	9599	+0.010
5967.550	9605	−0.003
5974.385	9615	−0.003
5989.435	9637	+0.010
5991.472	9640	−0.004
6006.513	9662	0.000

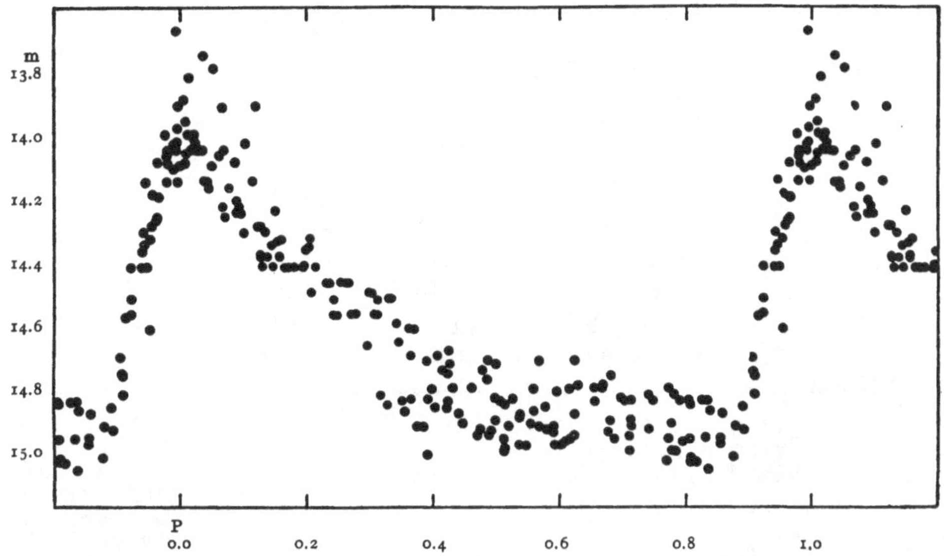

154.1936 Her vis.

3211. S 5232 Her RR Lyrae-Stern; $15^{m}.6 - 17^{m}.1$

$M = 2429022.496 + 0.6343068 \cdot E$

$M-m = 0^{d}.085$ Typus RRa

Max.	E	$B-R$
2429022.537:	0	+0.041
9402.456	599	+0.010
9428.451	640	−0.001
9747.487	1143	−0.022
2430101.438	1701	−0.014
0254.343	1942	+0.023
0308.235	2027	−0.001
1345.344	3662	+0.016
5955.419:	10930	−0.050
5957.417:	10933	+0.045
5960.550	10938	+0.006
5962.463	10941	+0.016

3212. **S 5280 Her** UV Bootis-Stern; $16^m5—17^m3$

Nach Ausweis des Palomar Sky Atlas ist der Veränderliche etwas blauer als die Sterne der Umgebung. Er wurde daher zunächst, trotz einiger Bedenken, als RR Lyrae-Stern behandelt, was jedoch mißlang. Auf Reihenplatten zeigt der Stern nur eine kleine Amplitude, die durch Streuung als Folge der Lichtschwäche erklärt werden kann. Durch die aus Platten des Astrographen 400/1600 mm erhaltenen Helligkeitswerte läßt sich indessen eine glatte Kurve legen. Der Lichtwechsel ist demnach gekennzeichnet durch Wellen von etwa 150^d Länge ohne regelmäßige Wiederkehr; lange Stillstände fehlen. Das Ergebnis ist nicht absolut sicher, aber sehr wahrscheinlich richtig.

3213. **S 3460 = 133.1943 Her** RR Lyrae-Stern; $14^m3—16^m1$ vis.

$$M = 2427543.475 + 0.5106303 \cdot E$$
$$M—m = 0^d06 \quad \text{Typus RRa}$$

Max.	E	$B—R$
2427543.473	0	—0.002
7924.402	746	—0.003
9369.508	3576	+0.019
9750.408	4322	—0.011
2430024.659	4859	+0.031

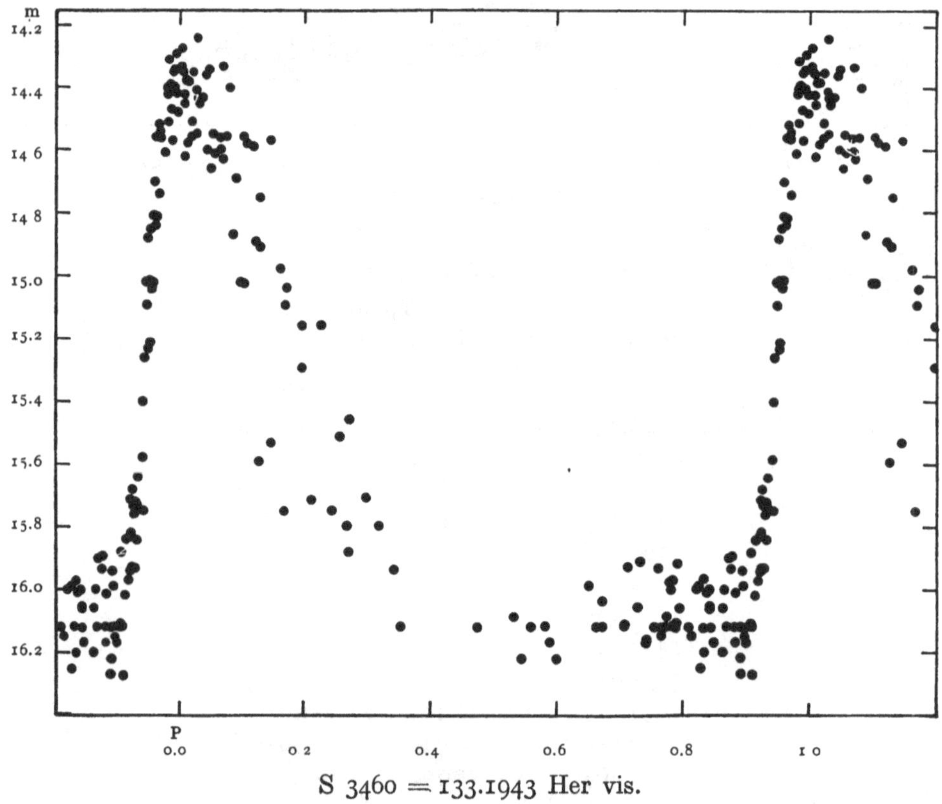

S 3460 = 133.1943 Her vis.

Max.	E	$B—R$
2430496.438	5783	—0.012
1937.425	8605	—0.024
3090.467	10863	+0.015
3768.541	12191	—0.028
3812.515	12277	+0.032
6017.393	16595	+0.008
6018.414	16597	+0.008
6019.432	16599	+0.005
6020.450	16601	+0.001
6021.470	16603	0.000
6023.511	16607	—0.001
6024.529	16609	—0.005
6025.550	16611	—0.005
6038.365	16636	+0.044
6072.533	16703	0.000
6108.293	16773	+0.016
6112.353	16781	—0.009
6113.380	16783	—0.003
6130.241	16816	+0.007
6132.280	16820	+0.003
6133.294	16822	—0.004

Alle Maxima von E 16595 ab beruhen auf visuellen Beobachtungen. Die Kurvenform scheint veränderlich zu sein.

3214. S 5233 **Her** Unregelmäßig; $15^{m}.5$—$16^{m}.2$

Wellen von etwa 100^{d} Länge sind mehrfach erkennbar. An einigen Stellen, vor allem bei 2430400, sind jedoch rasche Änderungen bis zum Betrag von $0^{m}.6$ innerhalb weniger Tage angedeutet. Die mit Schmidt-Kamera und Bruce-Astrograph erhaltenen Reihen schließen raschen periodischen Lichtwechsel aus. Der Stern dürfte mäßig stark gefärbt sein. Auf Blauplatten ist der Bereich des Lichtwechsels $16^{m}.0$ bis $16^{m}.7$; eine Kranz I-Platte zeigt ihn um etwa $0^{m}.5$ heller als Kranz Ultra. Palomar Obs.-Atlas bestätigt diesen Befund.

3215. 155.1936 **Her** RR Lyrae-Stern; $13^{m}.8$—$15^{m}.0$

$M = 2427719.292 + 0.5964724 \cdot E$

$M—m = 0^{d}.095$ Typus RRa

Max.	E	$B—R$
2427719.296	0	+0.004
9022.537	2185	—0.047
9322.591	2688	—0.019
2430024.659	3865	+0.001
0131.439	4044	+0.013
0496.438	4656	—0.029
0499.489	4661	+0.039
0585.380	4805	+0.038

Max.	*E*	*B—R*
2430876.465	5293	+0.045
1207.463	5848	0.000
1554.575	6430	—0.035
1587.428	6485	+0.012
1615.467	6532	+0.017
1652.467	6594	+0.036
2026.459	7221	+0.040
2087.323	7323	+0.064
3096.464	9015	—0.027
3439.466	9590	+0.004
3736.510	10088	+0.004
3798.518	10192	—0.021
5668.466	13327	—0.014

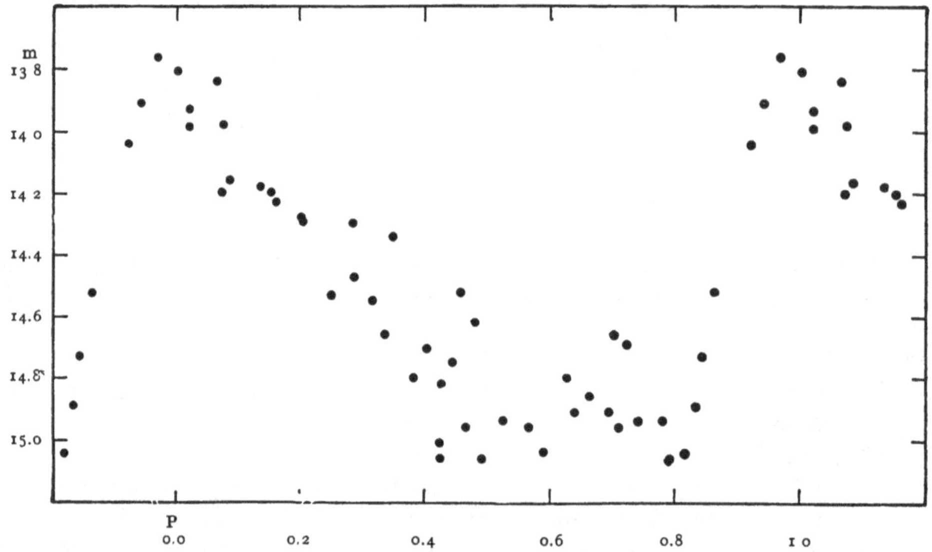

155.1936 Her

3216. S 5234 Her Halbregelmäßig; $15^m.8$—$17^m.2$

Von diesem randnahen und schwachen Stern liegen nur 43 Beobachtungen mittels des Astrographen 400/1600 mm vor. Sie lassen sich wie folgt darstellen:

$$M = 2429368 + 84.1 \cdot E$$

Max.	*E*	*B—R*
2429360	0	— 8
2430050	8	+ 9
0132	9	+ 7
0380	12	+ 3
0470	13	+ 9
0787	17	—11
1223	22	+ 5

Nach Palomar Obs.-Karte ist der Stern nicht merklich gefärbt.

3217. **S 5235 Her** RR Lyrae-Stern; $15^m_.4$—$16^m_.2$

$M = 2427564.487 + 0.3552051 \cdot E$

$M - m = 0^d_.07$ Typus RRa,b

Max.	E	$B-R$
2427564.525	0	+0.038
7719.296	436	—0.060
9399.456	5166	—0.021
9495.386	5436	+0.004
9750.408	6154	—0.011
2430060.596	7027	+0.083
0077.571	7075	+0.008
0486.418	8226	+0.014
0909.467	9417	+0.014
1207.463	10256	—0.008
1255.454	10391	+0.031
1314.401	10557	+0.014
1645.458	11489	+0.020
1937.425	12311	+0.008
3096.464	15574	+0.013
5953.399	23617	+0.033
5954.416	23620	—0.015
6286.587	24555	+0.039
6366.478	24780	+0.009
6371.407	24794	—0.035
6399.503	24873	0.000
6404.440	24887	—0.036
6410.515	24904	0.000
6420.468	24932	+0.007
6452.400	25022	—0.029

3218. **S 4131 Her** BO Cephei-Typus; $15^m_.1$—$16^m_.0$

Obgleich das Beobachtungsmaterial etwas dürftig ist — 48 Platten des 400 mm-Astrographen (GA) und 43 Platten der 500 mm-Schmidt-Kamera (SC) —, ist die Zuordnung als eindeutig anzusehen. Die Verteilung der Beobachtungen über die Größenstufen ist sehr charakteristisch: gute Einhaltung eines Normallichts, selten geringe Erhebungen und stärkere Schwächungen.

Größe	GA	SC	Summe
15.10—.19	0	2	2
15.20—.29	1	2	3
15.30—.39	16	22	38
15.40—.49	23	16	39
15.50—.59	2	0	2
15.60—.69	1	0	1
15.70—.79	2	0	2
15.80—.89	2	0	2
15.90—.99	0	1	1
16.00—.09	1	0	1

Die raschesten durch Beobachtungen belegten Lichtänderungen sind eine Erhebung um $0^m\!.3$ in 1^d und eine Schwächung um $0^m\!.5$ in 2^d. Die an der Schmidt-Kamera aufgenommenen Nachtreihen zeigen den Stern im Normallicht. Es ist aber anzunehmen, daß die Erhellungen und Schwächungen rascher verlaufen als die beiden erfaßten Fälle erkennen lassen. Ich verweise auf meine Bearbeitung der ganz ähnlichen Sterne S 4799 Phe und S 4800 Phe, deren Verhalten an dichten visuellen Reihen untersucht werden konnte. (Veröffentl. Sternwarte Sonneberg 3.348, 1958). Nach Palomar Obs.-Karte nicht merklich gefärbt.

3219. S 5281 Her RR Lyrae-Stern; $15^m\!.7$—$17^m\!.0$

$M = 2429322.550 + 0.3707308 \cdot E$

$M—m = 0^d\!.075$: Typus RRa

Max.	E	$B—R$
2429322.591:	0	+0.041
2430409.583:	2932	+0.050
1314.401:	5373	—0.086
1451.700	5743	+0.043
1555.460:	6023	—0.002
1588.426:	6112	—0.031
4133.523	12977	—0.001
4454.582	13843	+0.006
4457.550	13851	+0.008
4486.470	13929	+0.011
4487.565	13932	—0.007
5168.631	15769	+0.027
5187.530	15820	+0.019
5957.500	17897	—0.019
5960.460:	17905	—0.025
5963.430:	17913	—0.021

3220. S 5236 Her RR Lyrae-Stern; $14^m\!.3$—$15^m\!.2$

$M = 2427564.491 + 0.6794819 \cdot E$

$M—m = 0^d\!.135$ Typus RRa

Max.	E	$B—R$
2427564.525	0	+0.034
7931.444	540	+0.033
8302.425	1086	+0.017
8630.578	1569	—0.020
9402.456	2705	—0.034
9750.408	3217	+0.024
9752.396	3220	—0.027
9790.465	3276	—0.009
2430146.481	3800	—0.041
0259.325	3966	+0.009
0308.235*	4038	—0.004

Max.	E	$B—R$
2430464.572	4268	+0.052
0515.458	4343	—0.023
0583.428*	4443	—0.001
0852.467	4839	—0.037
0933.421	4958	+0.059
0937.430*	4964	—0.009
1200.477	5351	+0.078
1223.413	5385	—0.088
1255.454	5432	+0.017
1323.400*	5532	+0.015
1530.601	5837	—0.026
1562.547	5884	—0.015
1588.426	5922	+0.043
1940.435	6440	+0.081
3330.631	8486	+0.057
5571.485*	11784	—0.021
5573.519	11787	—0.025
5953.398*	12346	+0.023
5955.419*	12349	+0.006
5957.450*	12352	—0.001

Die mutmaßlich sichersten Maxima sind mit * bezeichnet.

3221. S 5282 Her RR Lyrae-Stern; $15^m\!.6—16^m\!.5$

$M = 2429366.524 + 0.3520452 \cdot E$

$M—m = 0^d\!.07$ Typus RRa

Max.	E	$B—R$
2429366.571	0	+0.047
9402.456:	102	+0.023
9428.451	176	—0.033
2430131.439:	2173	—0.079
0254.343	2522	—0.039
0457.496	3099	—0.016
0464.572	3119	+0.019
0876.465	4289	+0.019
1345.344	5621	—0.026
1451.706	5923	+0.018
4131.451:	13535	—0.005
4133.523	13541	—0.045
4150.508:	13589	+0.042
4484.560	14538	+0.003
5168.631	16481	+0.050
5187.595	16535	+0.004
5655.413	17864	—0.046
5956.462	18719	+0.004
5957.511	18722	—0.003

3222. Ross 378 Her RR Lyrae-Stern; $14^{m}.4$—$15^{m}.7$

$M = 2429045.362 + 0.5907796 \cdot E$

$M{-}m = 0^{d}.08$ Typus RRa

Max.	E	$B{-}R$
2429045.432	0	+0.070
9429.429	650	+0.060
9878.363	1410	+0.002
2430103.491	1791	+0.043
0129.422	1835	—0.021
0145.439	1862	+0.045
0787.628	2949	+0.057
0793.542	2959	+0.063
1145.638	3555	+0.055
1255.454	3741	—0.014
1323.400	3856	—0.008
1503.600	4161	+0.004
1587.428	4303	—0.059
1652.467	4413	—0.005
1945.489	4909	—0.010
2026.459	5046	+0.023
2087.323	5149	+0.037
3090.467	6847	+0.037
3412.450	7392	+0.045
5573.519	11050	+0.042
5609.528	11111	+0.014
5664.455	11204	—0.002
5957.520	11700	+0.037
5960.423	11705	—0.014

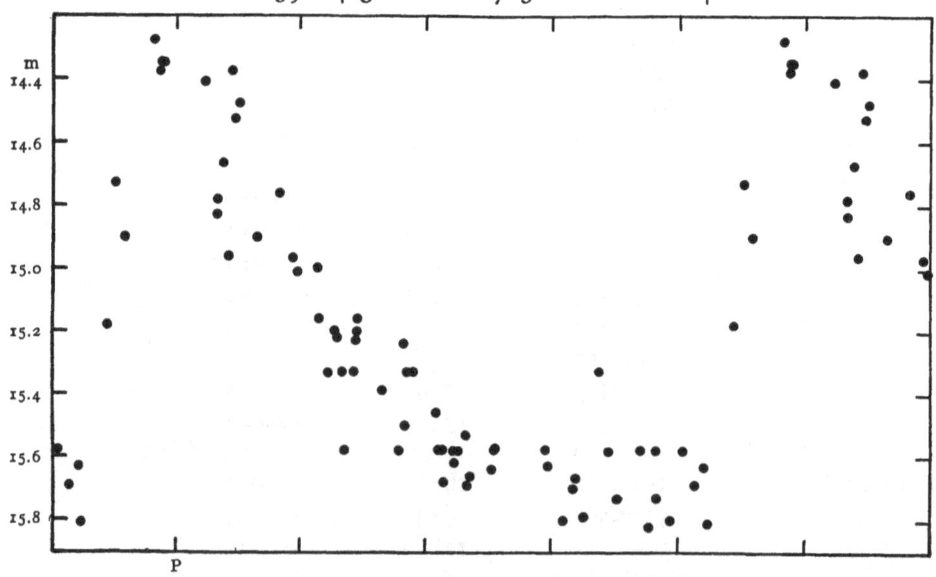

Ross 378 Her

3223. **S 3461 = 134.1943 Her** μ Cephei-Stern; $12^{m}.4$—$13^{m}.0$

Der Lichtwechsel ist sehr wenig charakteristisch und besteht in regellosen flachen Wellen meist zwischen den Größen $12^{m}.6$ und $13^{m}.0$. Die angegebene Maximalhelligkeit wird selten erreicht. Oft ist der Stern für mehr als 100^{d} fast im Stillstand. Die Farbe ist rötlich.

3224. **S 5237 Her** RR Lyrae-Stern; $15^{m}.1$—$16^{m}.0$

$M = 2427719.294 + 0.5001940 \cdot E$

$M - m = 0^{d}.07$ Typus RRa

Max.	E	$B-R$
2427719.296	0	+0.002
9428.451	3417	—0.006
9429.429	3419	—0.028
9691.581	3943	+0.022
2430024.659	4609	—0.029
0583.428	5726	+0.023
0793.542	6146	+0.056
0820.444	6200	—0.053
0852.467	6264	—0.042
1451.706	7462	—0.036
1933.461	8425	+0.033
1939.421	8437	—0.010
1998.468	8555	+0.014
2026.459	8611	—0.006
2028.454	8615	—0.011
3090.467	10738	+0.090
4473.422	13503	+0.008
4478.449	13513	+0.033
5168.664	14893	—0.019

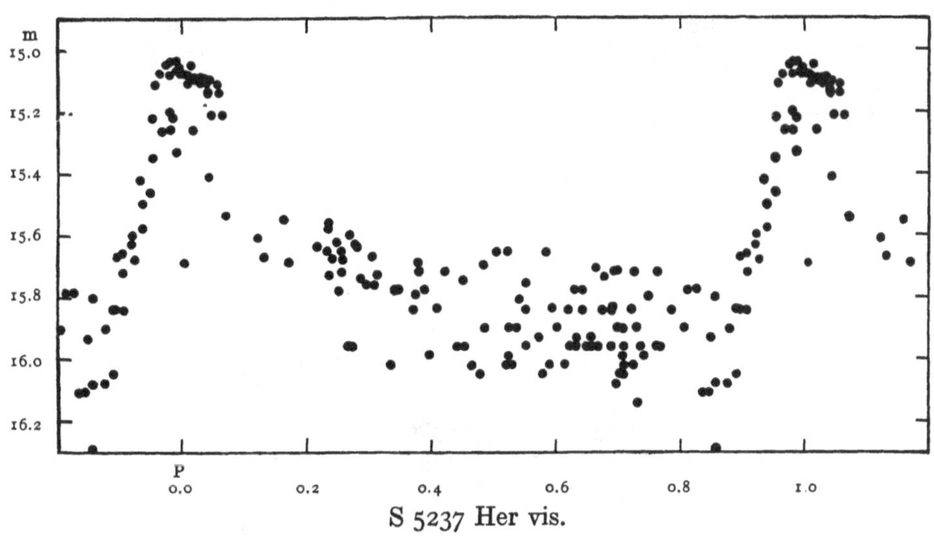

S 5237 Her vis.

Max.	E	$B-R$
2435953.520	16462	+0.032
5962.511	16480	+0.020
6285.615	17126	—0.001
6286.633	17128	+0.016
6287.615	17130	—0.002
6288.625	17132	+0.007
6289.620	17134	+0.002
6294.615	17144	—0.005
6307.628	17170	+0.003
6541.205	17637	—0.011
6544.207	17643	—0.010

3225. S 5238 Her Algol-Stern; $12^m.6 - 13^m.7$

$m = 2430431.535 + 1.346256 \cdot E$

$D = 0^d.18$: $d = 0^d00$:

Min.	Gr.	E	$B-R$
2430431.54	$13^m.38$	0	0.00
0466.47	13.01	26	—0.07
0843.44	13.12	306	—0.05
0909.47	13.49	355	+0.01
1002.35	13.69	424	0.00
1255.45	13.65	612	+0.01
1263.47	13.19	618	—0.05
2431317.41	13.26	658	+0.04
2709.45	12.95	1692	+0.05
3736.59	13.63	2455	0.00
3798.52	13.80	2501	0.00
5664.46	13.36	3887	+0.03
5668.47	13.44	3890	0.00
5956.55	13.36	4104	—0.02
5960.58	13.06	4107	—0.03

3226. S 5239 Her RR Lyrae-Stern; $15^m.7 - 16^m.4$ vis.

$M = 2429022.532 + 0.4556118 \cdot E$

$M - m = 0^d.07$ Typus RRa

Max.	E	$B-R$
2429022.537	0	+0.005
9023.434	2	—0.009
9366.571	755	+0.052
9428.451	891	—0.031
9429.429	893	+0.036
2430101.438	2368	+0.017
0131.439	2434	—0.052
0224.376	2638	—0.060
0308.235	2822	—0.033

Max.	E	B—R
2430412.594	3051	—0.010
0464.572	3165	+0.029
0486.418	3213	+0.005
0787.628	3874	+0.056
0876.465	4069	+0.049
1562.547	5575	—0.021
1615.467	5691	+0.048
1964.446	6457	+0.029
5955.572	15217	—0.005
5956.485	15219	—0.003
5957.405	15221	+0.006
5960.588	15228	0.000
5962.435	15232	+0.024
5987.475	15287	+0.005
6018.440	15355	—0.011
6023.465:	15366	+0.002
6075.410*	15480	+0.007
6127.304:	15594	—0.038
6133.246	15607	—0.019

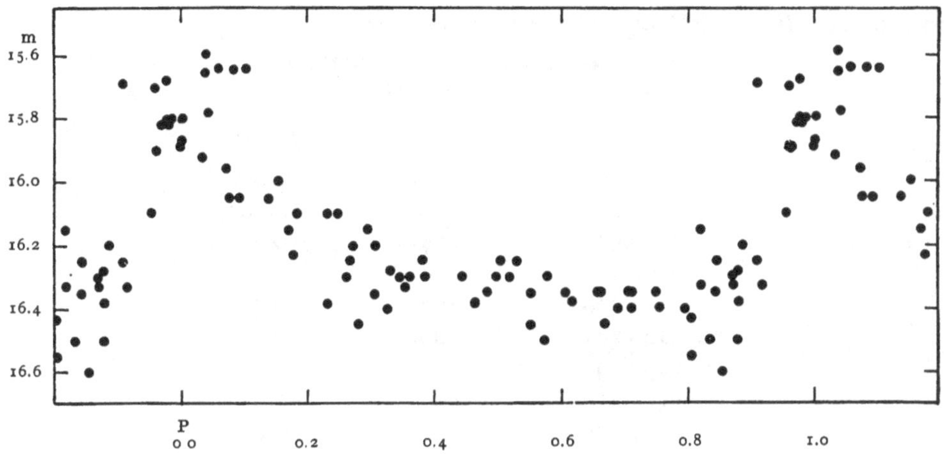

S 5239 Her

3227. **S 5240 Her** RR Lyrae-Stern; $15^{m}.8$—$16^{m}.4$

$M = 2436363.462 + 0.39722 \cdot E$

$M—m = 0^{d}.19$: Typus RRc

Max.	E	B—R
2436363.460	0	—0.002
6371.465	20	+0.059
6394.390:	78	—0.055
6396.440:	83	+0.009
6404.380	103	+0.004

Max.	E	$B—R$
2436409.484	116	—0.056
6421.395	146	—0.061
6482.280	299	+0.049

Wegen Lichtschwäche, kleiner Amplitude und Unschärfe der Maxima ist der Stern schwierig. Die photographischen Beobachtungen sind für die erste Bestimmung der Periode unbrauchbar, da die kleinen Differenzen fehlen, die visuellen Beobachtungen, denen die benutzten Maxima entnommen wurden, sind unsicher. Wahrscheinlich aber ist der Charakter des Sterns grundsätzlich richtig erkannt.

3228. S 5283 Her UV Bootis-Stern; $15^m_.4$—$16^m_.3$

Der Stern zeigt langsame Änderung der Helligkeit in langen Wellen mit Stillständen. Kurze Schwankungen sind angedeutet, aber nicht erwiesen. Reihenaufnahmen ergeben keine markanten Änderungen über mehrere Tage. Der Lichtwechsel ist also μ Cephei-artig. Da der Stern jedoch nach dem Palomar Sky Atlas einwandfrei nicht rötlich ist, muß er dem UV Bootis-Typus zugezählt werden.

3229. S 5241 Her RR Lyrae-Stern; $14^m_.9$—$15^m_.9$

$M = 2428314.320 + 0.5281428 \cdot E$

$M—m = 0^d_.057$ Typus RRa

Max.	E	$B—R$
2428314.419	0	+0.099
8662.413	659	+0.047
9022.537	1341	—0.022
9369.508	1998	—0.041
9752.396	2723	—0.057
2430146.481	3469	+0.034
0457.496	4058	—0.027
0466.468	4075	—0.034
0787.628	4683	+0.015
1207.463	5478	—0.023
1289.455	5633	+0.107
1345.344	5739	+0.012
1610.464	6241	+0.005
1937.425	6860	+0.045
2087.323	7144	—0.049
3002.554	8877	—0.090
3330.631	9498	+0.011
3768.441	10327	—0.010
3778.526	10346	+0.041
5663.459	13915	+0.032
5956.550	14470	+0.004
6378.548	15269	+0.016

Max.	E	$B—R$
2436396.504	15303	+0.015
6397.538	15305	—0.008
6404.422	15318	+0.011
6421.340:	15350	+0.028
6423.426	15354	+0.001
6450.363*	15405	+0.003
6451.415	15407	—0.001
6452.465	15409	—0.007
6459.338*	15422	0.000
6460.398*	15424	+0.003
6461.451*	15426	0.000
6487.322:	15475	—0.008

Der Stern steht außerhalb des Feldes des 170 mm-Triplets und ist auf allen Platten sehr randnah. Eine Reihe von Maxima wurde aus den Platten des 140 mm-Triplets entnommen.

3230. **S 5242 Her** RR Lyrae-Stern; $15^{m}.6—16^{m}.5$

$M = 2429691.631 + 0.5367793 \cdot E$

$M—m = 0^{d}.08$ Typus RRa

Max.	E	$B—R$
2429691.581	0	—0.050
9747.487	104	+0.031
2430077.571:	719	—0.004
0104.454:	769	+0.040
0412.594:	1343	+0.068
0464.572:	1440	—0.021
0499.489	1505	+0.005
1314.401	3023	+0.086
1451.706:	3279	—0.024
5956.400	11671	+0.018
5957.530	11673	+0.074
6403.550	12504	+0.031
6409.491	12515	+0.067
6452.378	12595	+0.012
6453.441	12597	+0.001
6459.344	12608	0.000
6460.400	12610	—0.018
6461.480	12612	—0.012

3231. **S 5243 Her** BO Cephei-Stern; $13^{m}.9—14^{m}.2$ vis.

Der Veränderliche verhält sich sehr ähnlich S 4799 Phe (Veröffentl. Sonneberg 3.348, 1958). Daß er ein Normallicht nicht so streng einhält wie dieser Stern kann nicht als wesentlicher Unterschied gewertet werden. Die 171 visuellen Beobachtungen ergeben dann und wann rasche Änderungen, doch ist der Stern wegen seiner kleinen Amplitude schwierig zu beobachten. Die Farbe ist nach Palomar Obs.-Karte gelb, in Übereinstimmung mit dem Befund auf Sonneberger Platten.

Verteilung der Beobachtungen

	GA	A	vis.
13.ᵐ9			24
14.0			55
14.1			85
14.2		4	7
14.3		41	
14.4	1	5	
14.5	10	15	
14.6	32		
14.7	5		

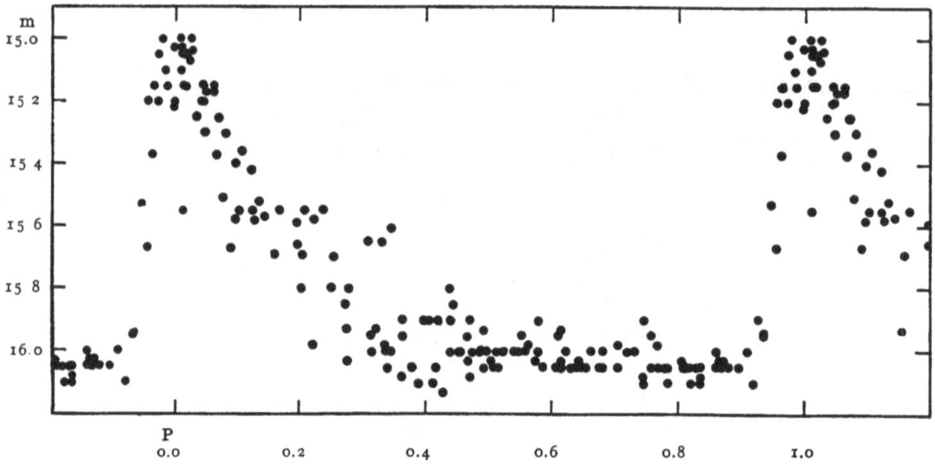

S 4132 Her vis.

3232. S 4132 Her RR Lyrae-Stern; $15^{m}_{.}0$—$16^{m}_{.}0$ vis.

$M = 2429322.591 + 0.4684699 \cdot E$

$M—m = 0^{d}_{.}042$ Typus RRa

Max.	*E*	*B—R*
2429322.591	0	0.000
9399.456	164	+0.036
9747.487	907	—0.006
2430308.235	2104	—0.017
5979.553	14210	+0.005
5987.511	14227	—0.001
5988.452	14229	+0.003
5996.415	14246	+0.002
6010.462	14276	—0.005
6018.427	14293	—0.004

Max.	E	$B—R$
2436024.518	14306	—0.003
6025.450	14308	—0.008
6108.372	14485	—0.006
6125.251	14521	+0.009
6133.215	14538	+0.009

3233. S 3462 = 135.1943 **Her** β Lyrae-Stern; $12\overset{m}{.}8$—$13\overset{m}{.}4$

$m_1 = 2428314.415 + 0.5894719 \cdot E$

$A_1 = 0\overset{m}{.}6 \quad A_2 = 0^{m}35$

Min.	E	$B—R$
2428314.419	0	+0.004
2430103.491	3035	+0.029
0129.422	3079	+0.023
0254.343	291	—0.024
0515.458	3734	—0.045
0933.421	4443	—0.018
1002.351	4560	—0.056
1200.477	4896	+0.008
1203.411	4901	—0.006
1223.413	4935	—0.046
1289.455	5047	—0.025
1530.601	5456	+0.027
1615.467	5600	+0.009
1915.465	6109	—0.034
1931.404	6136	—0.011
1964.446	6192	+0.021
2712.435	7461	—0.030
3711.617	9156	—0.003
3773.518	9261	+0.004
6613.590	14079	0.000

Das letzte Minimum ist visuell beobachtet.

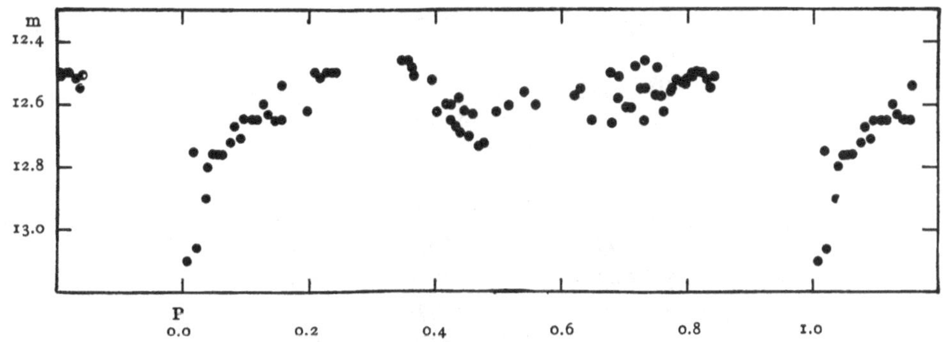

135.1943 = S 3462 Her vis.

3234. S 5284 Her RR Lyrae-Stern; $15^m_.6$—$16^m_.7$

$M = 2429022.507 + 0.6453251 \cdot E$
$M—m = 0^d_.085$ Typus RRa

Max.	E	$B—R$
2429022.537	0	+0.030
9322.591	465	+0.008
2430024.659	1553	—0.038
0077.571	1635	—0.043
0101.438	1672	—0.053
0114.467	1692	+0.070
0876.465:	2873	—0.061
0909.467:	2924	+0.029
1145.638	3290	+0.011
1200.477	3375	—0.002
1255.454:	3460	+0.122
1555.460:	3925	+0.052
4122.470	7903	—0.041
4191.506:	8010	—0.055
4484.560:	8464	+0.021
4486.500:	8467	+0.025
5168.550	9524	—0.033
5197.577:	9569	—0.046
5314.526:	9750	+0.099
5667.450	10297	+0.030
5956.530	10745	+0.005

3235. S 5244 Her RR Lyrae-Stern; $15^m_.4$—$16^m_.3$ vis.

$M = 2429366.569 + 0.3262982 \cdot E$
$M—m = 0^d_.033$ Typus RRa

Max.	E	$B—R$
2429366.571	0	+0.002
9691.581	996	+0.019
2430060.596	2127	—0.009
0077.571	2179	—0.002
0382.662	3114	0.000
4631.415	16135	+0.025
5246.481	18020	+0.018
5248.440	18026	+0.020
5985.510	20285	—0.018
5986.500	20288	—0.007
5987.480	20291	—0.006
5988.469	20294	+0.004
5989.434	20297	—0.010
6018.505	20386	+0.021
6019.472	20389	+0.009

Max.	E	B—R
2436021.418	20395	—0.003
6038.375	20447	—0.013
6051.440	20487	0.000

3236. **S 3463 = 136.1943 Her** Flare Star; $12^m_.5$—$15^m_.8$

Der Veränderliche wurde entdeckt auf einer Platte des Astrographen 400/1600 mm von 1941 April 17, belichtet von 22^h20^m bis 24^h30^m Weltzeit. Der Stern hat auf dieser Platte die Größe $14^m_.26$ und ist etwa $1^m_.5$ heller als normal, bei völlig einwandfreiem Bild. Gleichzeitig wurde eine Überwachungsplatte des Feldes $17^h + 24°$ aufgenommen, belichtet von 22^h40^m bis 23^h11^m. Infolge einer Uhrwerksstörung haben die Sterne kurze Spuren gezogen. An der Stelle des Veränderlichen befindet sich eine Spur, die etwa einem Stern $12^m_.5$ entspricht, jedoch nur halb so lang wie die Spuren der anderen Sterne. Demnach dürfte der Stern während der Belichtung dieser Platte aufgeleuchtet sein, und es wird verständlich, daß die auf der langbelichteten Platte des großen Astrographen dargestellte Größe weit unter der Maximalhelligkeit liegen muß. Auf 205 Platten von den größeren Instrumenten ist nur dieses eine Maximum beobachtet. Jedoch zeigt der Stern auch im schwachen Normallicht auf allen 3 Plattenreihen Helligkeitsänderungen zwischen $15^m_.1$ und $15^m_.8$ von anscheinend regellosem Verlauf. Aufnahmen an der Schmidt-Kamera zeigen innerhalb einzelner Nachtreihen nur Schwankungen um maximal $0^m_.25$. Die Beobachtungen lassen die Möglichkeit zu, daß der Stern schwach rötlich ist. Auf Überwachungsplatten ist das Objekt normal zu schwach. Auf einigen Platten ist er vielleicht sichtbar, also erhellt, und zwar 1930 Mai 29 und 31, 1941 Juli 23, doch sind diese Beobachtungen unsicher. Die erste Heidelberg-Reihe, 40 Platten von 243 5953 bis 5963, ergibt rasche regellose Schwankungen der Helligkeit zwischen $15^m_.4$ und $15^m_.9$. Palomar Obs.-Karte 1951 Juli 4/5 zeigt den Stern ebenfalls schwach und bestätigt die rötliche Farbe.

3237. **S 5285 Her** RR Lyrae-Stern; $15^m_.6$—$16^m_.8$

$M = 2429429.425 + 0.5891989 \cdot E$

$M—m = 0^d_.074$ Typus RRa

Max.	E	B—R
2429429.429	0	+0.004
9691.581	445	—0.038
2430077.571	1100	+0.027
0129.422	1188	+0.029
0254.343	1400	+0.040
0909.467	2512	—0.026
4457.640	8534	—0.008
4486.490	8583	—0.029
5691.459	10628	+0.028
5962.462	11088	0.000

3238. 156.1936 Her RR Lyrae-Stern; $15^{m}.3$—$16^{m}.2$ vis.

$M = 2429691.617 + 0.5559165 \cdot E$

$M—m = 0^{d}.04$ Typus RRa

Max.	*E*	*B—R*
2429691.581	0	—0.036
9878.363	336	—0.042
2430024.659	599	+0.048
0102.478	739	+0.039
0132.459	793	0.000
0382.662	1243	+0.041
0412.594	1297	—0.047
0431.540	1331	—0.002
0441.521	1349	—0.027
0937.430	2241	+0.004
1255.454	2813	+0.044
1314.401	2919	+0.064
1530.601	3308	+0.012
1554.575	3351	+0.082
1588.426	3412	+0.022
2026.459	4200	—0.007
3330.631	6546	—0.015
5664.455	10744	+0.071
5694.468	10798	+0.065
5934.580	11230	+0.021
5948.460	11255	+0.003
5953.430	11264	—0.030
5958.459:	11273	—0.005
5959.576	11275	0.000
5962.335:	11280	—0.020
5963.470:	11282	+0.003

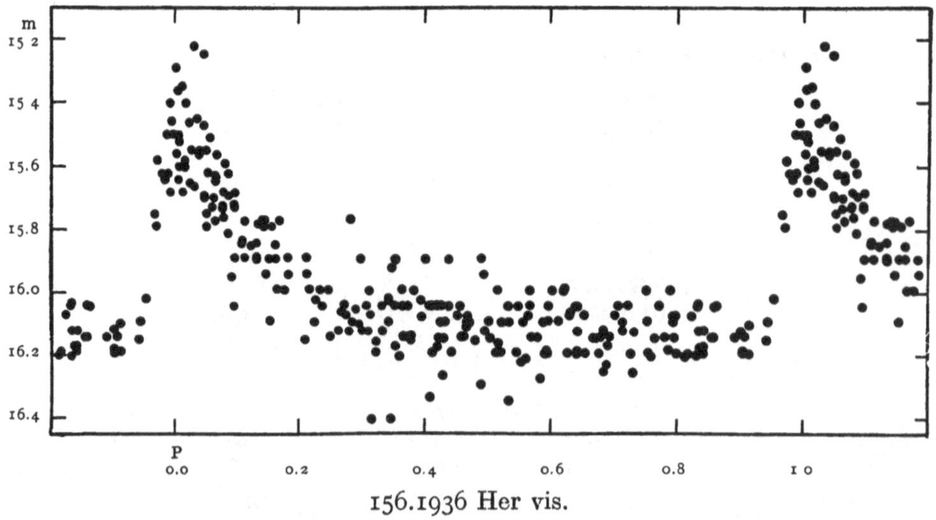

156.1936 Her vis.

Max.	E	$B—R$
2435988.494	11327	+0.011
6017.385:	11379	—0.006
6018.475	11381	—0.028
6023.505	11390	—0.001
6125.255	11573	+0.016
6160.285	11636	+0.024

Von E 11230 ab sind die Maxima visuell beobachtet mit Ausnahme von 11264, das aus einer Heidelberger Reihe erhalten ist. Wegen der Schwäche des Sterns sind die visuellen Beobachtungen weniger sicher als unter normalen Verhältnissen.

3239. **S 5286 Her** RR Lyrae-Stern; $16^m.1—17^m.0$

$M = 2429322.547 + 0.3761690 \cdot E$

$M—m = 0^d.095$ Typus RRb

Max.	E	$B—R$
2429322.591:	0	+0.044
9366.571	117	+0.012
9691.581:	981	+0.012
2430077.571:	2007	+0.053
0457.496:	3017	+0.047
0464.572	3036	—0.024
0486.418:	3094	+0.004
0583.428	3352	—0.037
0876.465	4131	—0.036
4628.362	14105	—0.049
4631.384	14113	—0.036
5240.403:	15732	—0.035
5243.458	15740	+0.011
5246.460	15748	+0.004
5249.480	15756	+0.014

3240. 157.1936 = **FO Her** RW Aurigae-ähnlich; $12^m.3—14^m.0$

Die Lichtkurve zeigt Wellen von 50^d bis 120^d Länge mit stark wechselnden Amplituden zwischen 1^m5 und $0^m.4$, so daß der Eindruck völliger Regellosigkeit entsteht. Dabei erfolgt der Übergang von einer Lage in die andere manchmal fast sprungartig, wogegen der Stern danach die Tendenz zeigt, die erlangte Helligkeit einige Tage beizubehalten. Neben diesen Sprüngen bis zu einer Größenklasse in einem oder wenigen Tagen sind auch noch rasche überlagerte Schwankungen angedeutet. Die raschen Änderungen treten jedoch zurück gegenüber dem langsamen Lichtwechsel. Die erste Reihe des Bruce-Astrographen zeigt Stillstand bei $13^m.1$. Der Stern ist nicht stark gefärbt, immerhin nach Palomar Obs.-Karte merklich gelber als die Nachbarsterne. Zwei visuelle Teilreihen, 51 Beobachtungen 243 6051—6160 und 59 Beobachtungen 6611—6667 zeigen nur lange Wellen von 0^m35 u. $0^m.25$ Amplitude.

3241. **S 3464 = 137.1943 Her** μ Cephei-Stern; $12^{m}.5$—$13^{m}.8$

Der rötliche Stern zeigt Wellen von 60^{d} bis mehr als 100^{d} Länge bei Amplituden von etwa $0^{m}.5$; der Lichtwechsel wirkt zeitweise sehr unruhig. Zweimal sind Änderungen von $0^{m}.3$ und $0^{m}.4$ in 3^{d} angedeutet, einmal eine Welle von mehr als 50^{d} mit $1^{m}.0$ Amplitude, mehrfach Abschnitte sehr geringen Lichtwechsels mit $0^{m}.2$ oder $0^{m}.3$ Amplitude während mindestens 100^{d}.

3242. **S 4133 Her** RW Aurigae-Art; $15^{m}.5$—$17^{m}.1$

Der schwache Stern ist beobachtet auf Einzelplatten des Astrographen 400/1600 mm, ferner auf Reihen von Sonneberger Schmidt-Platten und Heidelberger Bruce-Platten. Letztere Reihe gibt folgende mittlere Helligkeiten, die, mit angegebenen Ausnahmen, jeweils während $0^{d}.19$ unverändert geblieben sind: 243 5955 $16^{m}.7$, bei der letzten Beobachtung Aufstieg um $0^{m}.3$ angedeutet; 5956 $16^{m}.8$; 5957 $16^{m}.7$; 5960 $15^{m}.85$; 5962 $16^{m}.0$, bei der letzten Beobachtung Abstieg um $0^{m}.3$ angedeutet; 5963 $16^{m}.05$. Der Befund auf den Schmidt-Platten stimmt damit überein: keine Änderungen von mehr als $0^{m}.3$ innerhalb der Reihen, jedoch einmal ein Aufstieg um $1^{m}.2$ während $2^{d}.07$. Die Beobachtungen am Astrographen bestätigen, daß der Stern oft an benachbarten Tagen etwa dieselbe Größe hat, wogegen starke Änderungen hier nur für längere Intervalle belegt sind, so z. B. 243 0114.47 $17^{m}.09$, 0129.42 $15^{m}.55$, 0131.44 $15^{m}.50$, 0145.44 $17^{m}.09$. Die Verteilung der Beobachtungen zeigt auf den Platten der beiden erstgenannten Gruppen eine starke Häufung bei $17^{m}.0$, indem 36% aller Werte zwischen $16^{m}.90$ und $17^{m}.09$ liegen. Normaler periodischer Lichtwechsel scheint demnach ausgeschlossen. Palomar Obs.-Atlas zeigt den Stern auf der Rotplatte relativ schwächer als auf der Blauplatte.

3243. **S 5287 Her** W Ursae majoris-Stern; $14^{m}.9$—$15^{m}.5$

$$m_1 = 2429322.566 + 0.32517464 \cdot E$$
$$A_1 = 0^{m}.6 \quad A_2 = 0^{m}.5$$

Min.	2 *E*	*B—R*
2429322.591	0	+0.025
9399.456	473	—0.014
2430464.572	7024	—0.007
1554.575	13728	+0.010
4176.428	29854	—0.020
4475.592	31694	—0.017
5953.520	40784	—0.007
6378.528	43398	—0.003
6393.505	43490	+0.016
6394.474	43496	+0.010
6396.407	43508	—0.008
6399.504	43527	0.000
6403.396	43551	—0.010
6404.535	43558	—0.009
6410.401	43594	+0.003

Max.	2 *E*	*B—R*
2436416.424	43631	+0.011
6420.475	43656	—0.003
6421.465	43662	+0.011
6450.397	43840	+0.003
6451.378	43846	+0.008
6452.346	43852	+0.001
6453.474	43859	—0.009
6455.425	43871	—0.009
6456.410	43877	0.000
6458.355	43889	—0.006
6459.328	43895	—0.008
6460.312	43901	0.000
6461.289	43907	+0.002
6461.454	43908	+0.004
6462.436	43914	+0.010
6482.260	44036	—0.001

Von 2 *E* = 43398 ab visuelle Reihenbeobachtungen.

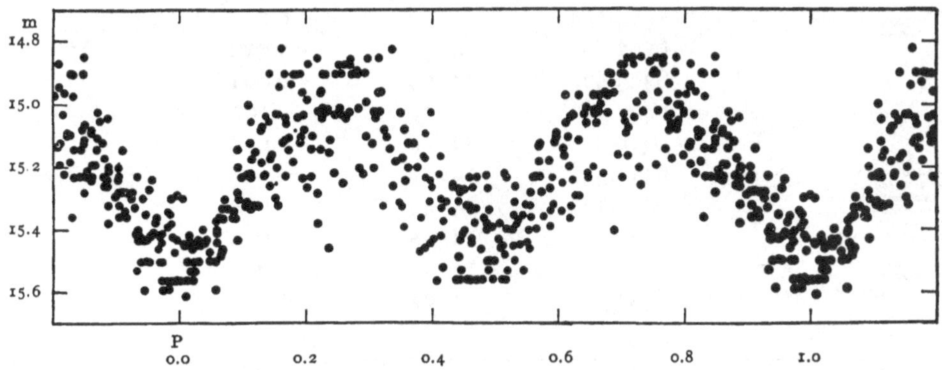

S 5287 Her vis.

3244. **S 5288 Her** RR Lyrae-Stern; $12^{m}.8$—$13^{m}.9$ vis.

$M = 2428662.433 + 0.5297446 \cdot E$

$M—m = 0^{d}.050$ Typus RRa

Max.	*E*	*B—R*
2428662.413	0	—0.020
9045.432	723	—0.006
9428.451	1446	+0.007
2430104.454	2722	+0.056
0131.439	2773	+0.024
0132.459	2775	—0.015
0254.343	3005	+0.027
0515.458	3498	—0.022
0933.421	4287	—0.027
1200.477	4791	+0.038

Max.	E	$B-R$
2431289.455	4959	+0.019
1610.464	5565	+0.002
1645.458	5631	+0.033
2028.454	6354	+0.024
3096.464	8370	+0.069
3390.454	8925	+0.050
3748.494	9601	—0.017
3749.585	9603	+0.015
3827.435	9750	—0.008
3828.514	9752	+0.012
4487.515	10996	+0.010
5573.519	13046	+0.038
5598.423	13093	+0.044
5600.550	13097	+0.052
5609.528	13114	+0.024
5955.440	13767	+0.013
5956.497	13769	+0.011
5957.560	13771	+0.014
5963.425	13782	+0.052
6392.469	14592	+0.003
6393.522	14594	—0.004
6400.410	14607	—0.002
6410.479	14626	+0.001
6411.536	14628	—0.001
6419.482	14643	—0.001
6420.539	14645	—0.004
6452.326	14705	—0.001
6453.390	14707	+0.003

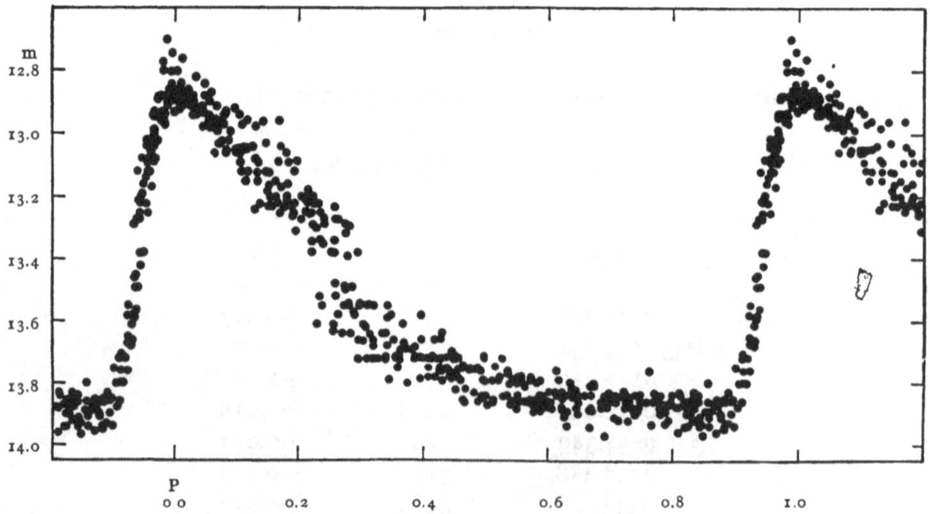

S 5288 Her vis.

Max.	E	$B—R$
2436454.447	14709	+0.001
6460.286	14720	+0.012
6461.336	14722	+0.003
6462.390	14724	—0.002

Die Epochen von $E = 14592$ ab beruhen auf dichten visuellen Reihen. Ob das Überwiegen positiver Vorzeichen gegen Ende der photographischen Reihe eine geringe Veränderlichkeit der Periode andeutet, bleibt zweifelhaft. Die photographischen Beobachtungen allein hatten den Wert $P = 0.5297466$ ergeben.

3245. **158.1936 Her** Mira-Stern; $11\overset{m}{.}5$—$18\overset{m}{.}0$

$M = 2427503 + 425.7 \cdot E$
$M—m = 140^d$: Form der Lichtkurve α_2

Max.	Gr.	E	$B—R$
2427478	—	0	—25
7914	—	1	—15
8370	—	2	+16
9665	—	5	+33
2430060	$12\overset{m}{.}6$	6	+ 3
0474	11.5	7	— 9
0920	11.7	8	+11
1318	12.7	9	—16
3038	13.0	13	+ 1
3447	—	14	—16
5598	—	19	+ 7

Nur die mit Größenangaben versehenen Maxima sind sicher beobachtet. Die Minimalgröße ist aus dem wahrscheinlichen Verlauf der Lichtkurve bestimmt, dürfte aber nur wenig von der Wirklichkeit abweichen; die geringste beobachtete Helligkeit ist $17\overset{m}{.}9$.

3246. **S 4134 = V 350 Her** μ Cephei-Stern; $11\overset{m}{.}8$—$12\overset{m}{.}7$

Der Lichtwechsel ist unruhig und verläuft meist in Wellen kleiner Amplitude von 50^d bis 100^d Länge. Amplituden der Einzelwellen von mehr als $0\overset{m}{.}5$ sind selten; häufiger sind Abschnitte von 100^d bis 150^d Länge, bei denen die Lichtänderungen $0\overset{m}{.}2$ oder $0\overset{m}{.}3$ nicht übersteigen. Der Stern ist rötlich.

3247. **S 5245 Her** RR Lyrae-Stern; $12\overset{m}{.}2$—$13\overset{m}{.}3$

$M = 2429747.504 + 0.4360573 \cdot E$
$M—m = 0\overset{d}{.}041$ Typus RRa

Max.	E	$B—R$
2425716.552	—9244	—0.038
5775.469	9109	+0.011
5792.467	9070	+0.003
6067.556	—8439	—0.060

Max.	*E*	*B—R*
2426498.427	—7451	—0.014
9747.487	0	—0.017
2430060.596	718	+0.003
0308.235	1286	—0.039
0380.658	1452	—0.001
0583.428	1917	+0.002
1200.477	3332	+0.030
1554.575	4144	+0.050
3478.438	8556	+0.028
3502.387	8611	—0.006
3509.382	8627	+0.012
3798.478	9290	+0.002
4122.560	10033	+0.093
4452.596	10790	+0.034
4455.617	10797	+0.002
4538.482	10987	+0.016
4604.367	11138	+0.057
4607.365	11145	+0.002
4631.341	11200	—0.005
4779.612	11540	+0.007
4810.595	11611	+0.030
4958.408	11950	+0.019
5960.450	14248	+0.002
5963.505	14255	+0.004
5964.386	14257	+0.013
5967.424	14264	—0.001
5974.401	14280	—0.001
5977.455	14287	0.000
5984.439	14303	+0.007

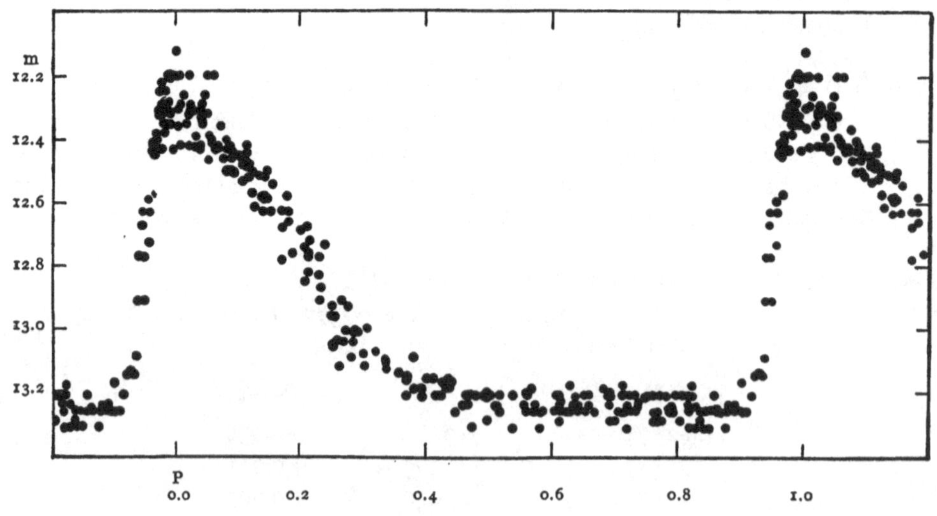

S 5245 Her vis.

Max.	E	B—R
2435987.485	14310	+0.001
5990.536	14317	0.000
5991.400	14319	—0.008
6008.420	14358	+0.005
6015.394	14374	+0.002
6018.444	14381	0.000
6021.500	14388	+0.004
6024.545	14395	—0.004
6025.418	14397	—0.003
6038.500	14427	—0.003

Der Stern steht am äußersten südlichen Rand der Platten des Astrographen 400/1600 mm und ist weder auf Triplet-Platten noch auf den Platten der anderen Reihen enthalten. Die photographischen Beobachtungen enden daher im Jahre 1945, und da die Veränderlichkeit erst am 25. Dezember 1956 entdeckt wurde, konnten visuelle Beobachtungen erst im Jahre 1957 durchgeführt werden. Die Frage, ob die Zwischenzeit beider Reihen von $4405^{d}.875$ durch 10104 oder 10103 Zyklen dargestellt wird, konnte mit den zunächst vorliegenden Beobachtungen nicht entschieden werden, doch hätte ein gutes Maximum in der Mitte der Zwischenzeit sofort die Aufklärung gegeben. Glücklicherweise ist der Stern immerhin so hell, daß die Maxima auf guten Platten der Photographischen Himmelsüberwachung sicher feststellbar sind. Diese Beobachtungen entschieden eindeutig für 10104. In der Tabelle sind die ersten 5 Maxima solche der Himmelsüberwachung aus den Jahren 1929 bis 1931, die 14 Maxima *E* 8556 bis 11950 ebensolche aus den Jahren 1950 bis 1954. Das Überwiegen positiver *B—R*-Werte in letzterer Teilreihe könnte auf eine geringe Veränderlichkeit der Periode hindeuten, doch ist zu beachten, daß positive Werte etwas bevorzugt werden, wenn der Abstieg weniger steil ist als der Aufstieg.

3248. S 4135 Her RR Lyrae-Stern; $15^{m}.4$—$16^{m}.2$ vis.

$M = 2428341.519 + 0.6528598 \cdot E$

$M—m = 0^{d}.26$ Typus RRb

Max.	E	B—R
2428341.469	0	—0.050
9366.571	1570	+0.062
9691.641	2068	+0.008
9750.408	2158	+0.018
2430224.376	2884	+0.009
0464.572	3252	—0.047
0583.428	3434	—0.012
1451.706	4764	—0.037
4190.438	8959	—0.052
4636.380	9642	—0.013
5243.525	10572	—0.028
5661.340	11212	—0.043
5984.535	11707	—0.014

Max.	E	$B—R$
2435986.504	11710	—0.003
5988.450	11713	—0.016
5990.430	11716	+0.006
6018.478	11759	—0.019
6020.460	11762	+0.004
6024.410	11768	+0.037
6073.360	11843	+0.022
6137.335:	11941	+0.017

Die 4 Epochen 11707 bis 11716 sind aus Bruce-Platten, die 5 folgenden aus visuellen Beobachtungen erhalten.

3249. **S 5246 Her** RW Aurigae-Art?; $16^{m}_{.}1—17^{m}_{.}7$

Die Reihenaufnahmen an der Schmidt-Kamera (SC) und am Bruce-Astrographen (B) zeigen normalerweise nur geringen Lichtwechsel innerhalb weniger Zehntel der Größenklasse um eine Mittellage, selten jedoch stärkere Abweichungen nach oben oder unten. Danach dürften RR Lyrae-Art und Bedeckungslichtwechsel ausgeschlossen sein. Eher kam langsamer Lichtwechsel mit langen Wellen in Betracht, doch dürften rasche Änderungen sicher nachgewiesen sein, so z. B. durch SC-Platten ein Abstieg um $0^{m}_{.}7$ in $0^{d}_{.}033$. Auch daß die zeitlich weit getrennten Teilreihen große Unterschiede hinsichtlich Mittelgröße und Amplitude ergeben, spricht gegen regelmäßigen Lichtwechsel. Einschränkend ist zu bemerken, daß die Schwäche des Sterns die Beobachtung erschwert. Ein Stern 18^{m} geht dem Veränderlichen wenig südlich voraus. Palomar Obs.-Karte 1951 Juli 4/5 zeigt den Stern hell und merklich gefärbt.

Verteilung der Beobachtungen

Größe	GA	SC	B
$16^{m}_{.}0$	2		
16.1			
16.2			
16.3	2		1
16.4	3		1
16.5	2		2
16.6	6	1	5
16.7	5		11
16.8	3	2	6
16.9	6	7	9
17.0	6	3	3
17.1	3	9	
17.2	2	6	
17.3		2	
17.4		2	
17.5		1	
17.6		1	
17.7		1	

3250. **S 5289 Her** UV Bootis-Stern; $15\overset{m}{.}7$—$16\overset{m}{.}7$

Kennzeichnend sind sehr lange Stillstände und Abschnitte sehr geringer Veränderlichkeit. Nur einmal, bei 2430100, ist eine kürzere Welle von etwa 100^{d} Länge mit $0\overset{m}{.}5$ Amplitude nachgewiesen. Nach dem Palomar Sky Atlas ist der Veränderliche einwandfrei nicht rötlich, eher etwas blauer als das Mittel der Sterne der Umgebung. Er gehört also nicht zum μ Cephei-Typus.

3251. **S 3465 = 138.1943 Her** RR Lyrae-Stern; $13\overset{m}{.}8$—$14\overset{m}{.}6$

$$M = 2429399.396 + 0.5562247 \cdot E$$
M—m = $0\overset{d}{.}125$ Typus RRb

Max.	E	B—R
2429399.456	0	+0.060
9429.429	54	—0.003
9878.363	861	+0.058
2430132.459	1318	—0.041
0201.434	1442	—0.038
0308.235	1634	—0.032
0463.468	1913	+0.014
0464.572	1915	+0.006
1200.477	3238	+0.025
1255.454	3337	—0.064
1289.455	3398	+0.007
1314.401	3443	—0.077
1645.458	4038	+0.027
3006.482	6485	—0.031
3748.520	7819	+0.003
3768.510	7855	—0.031
3773.480	7864	—0.067
3827.495	7961	—0.006
5955.615	11787	—0.002
5984.550	11839	+0.010
5988.422	11846	—0.012
5989.550	11848	+0.004

3252. **S 5247 Her** RR Lyrae-Stern; $15^{m}4$—$16\overset{m}{.}5$ vis.

$$M = 2429366.578 + 0.5138661 \cdot E$$
M—m = $0^{d}075$ Typus RRa

Max.	E	B—R
2429366.571	0	—0.007
9399.456	64	—0.009
2430101.438	1430	+0.031
0102.478	1432	+0.044
0104.454	1436	—0.036
0457.496	2123	—0.020
0583.428	2368	+0.015
1145.638	3462	+0.056

Max.	E	$B—R$
2435957.430	12826	+0.005
5960.503	12832	—0.005
6051.467	13009	+0.005
6137.279	13176	+0.001
6138.300	13178	—0.005

3253. **S 5248 Her** RR Lyrae-Stern; $15^m_.2—16^m3$

$M = 2427571.410 + 0.5554475 \cdot E$

$M—m = 0^d_.07$ Typus RRa

Max.	E	$B—R$
2427571.510	0	+0.100
8248.542	1219	+0.041
9429.429	3345	+0.047
9691.581*	3817	+0.028
9750.408	3923	—0.023
2430077.571	4512	—0.018
0101.438*	4555	—0.035
0131.439	4609	—0.029
0146.481	4636	+0.016
0457.496*	5196	—0.019
0486.418*	5248	+0.020
1233.505	6593	+0.030
1588.426	7232	+0.020
5957.560*	15098	+0.004
5960.360:	15103	+0.026
5962.552*	15107	—0.003

Es war nötig, einige weniger gute Epochen einzubeziehen. Die mutmaßlich sichersten sind mit * bezeichnet.

3254. **S 4136 Her** RR Lyrae-Stern; $14^m_.8—16^m_.0$

$M = 2427571.470 + 0.4810238 \cdot E$

$M—m = 0^d_.045$ Typus RRa

Max.	E	$B—R$
2427571.510	0	+0.040
9369.508	3738	—0.029
9422.444	3848	—0.006
9752.396	4534	—0.036
2430024.659	5100	—0.032
0131.439	5322	—0.040
0380.658	5840	+0.009
0499.489	6087	+0.027
1233.505	7613	+0.001
1562.547	8297	+0.023
1615.467	8407	+0.030
2087.323	9388	+0.002

Max.	E	$B—R$
2435605.590	16702	+0.060
5959.564	17438	+0.001
5960.521	17440	—0.004
5962.450	17444	+0.001
5963.407	17446	—0.004
5984.573	17490	—0.003
5985.550	17492	+0.012
5986.504	17494	+0.004
5987.459	17496	—0.003
5988.420	17498	—0.004
6024.504	17573	+0.003
6025.465	17575	+0.002
6038.442	17602	—0.009

Die Maxima sind frei von Unregelmäßigkeiten; die herausfallende Beobachtung bei der Phase 0.045 scheint verfehlt zu sein. Die Streuung im Minimum ist durch die Schwäche des Sterns verursacht.

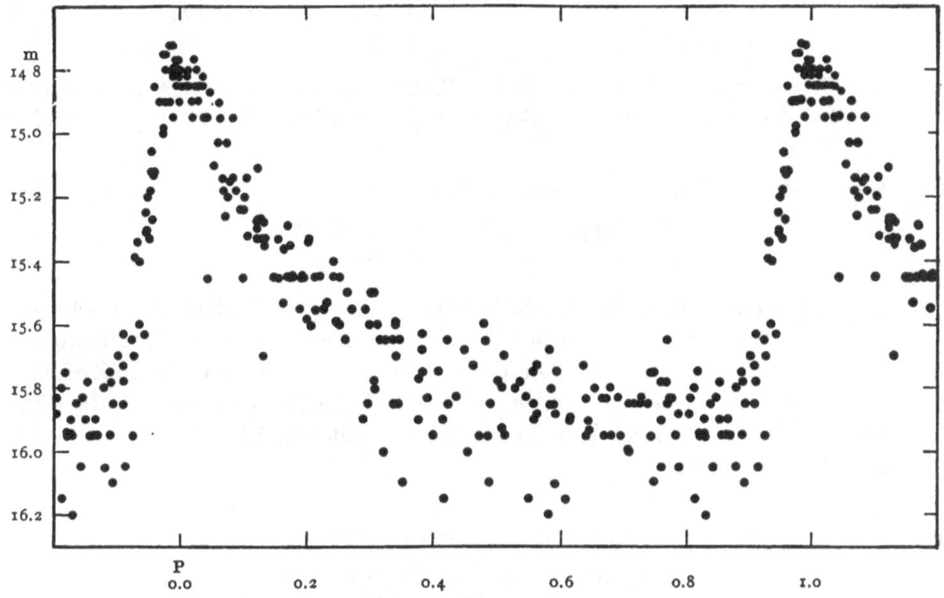

S 4136 Her vis.

3255. S 4137 Her RR Lyrae-Stern; $14^m.3—15^m.6$

$M = 2427924.327 + 0.4942733 \cdot E$

$M—m = 0^d.08$ Typus RRa

Max.	Gr.	E	$B—R$
2427924.402	$14^m.69$	0	+0.075
8341.469	14.59	844	—0.025
9322.591	14.30	2829	—0.035
9366.571	14.38	2918	—0.045

Max.	Gr.	E	$B—R$
2430060.596	$14^m.46$	4322	+0.020
0114.467	14.60	4431	+0.015
0254.343	14.49	4714	+0.012
0308.235	14.64	4823	+0.028
0409.583	14.64	5028	+0.050
0499.489	14.24	5210	—0.002
0787.628	14.24	5793	—0.024
3096.464	14.69	10464	+0.061
5243.525	—	14808	—0.001
5244.510	—	14810	—0.005
5246.495	—	14814	+0.003
5248.475	—	14818	+0.006
5249.463	—	14820	+0.006
5984.450	—	16307	+0.008
5985.440	—	16309	+0.010
5986.418	—	16311	—0.001
5987.405	—	16313	—0.002
5988.400	—	16315	+0.004
5989.375	—	16317	—0.009

Soweit die Epochen auf einzelnen Platten beruhen, sind die beobachteten Größen angegeben, um eine Beurteilung der Werte $B—R$ zu ermöglichen.

3256. **S 5290 Her** RR Lyrae-Stern; $15^m.8$—$16^m.3$

$M = 2434121.488 + 0.374595 \cdot E$

$M—m = 0^d.15$ Typus RRc

Wegen kleiner Amplitude und flacher Maxima war der Veränderliche schwierig zu bearbeiten. Die Streuung der Epochen ist dementsprechend groß, weshalb ihre Anführung unterbleibt. Die Richtigkeit der Zählung über lange Zwischenzeiten ist nicht gesichert. Jedoch ergeben die Reihenaufnahmen gute Lichtkurven, deren Asymmetrie auch die Möglichkeit von Bedeckungslichtwechsel ausschließen dürfte.

3257. **159.1936 Her** RR Lyrae-Stern; $13^m.4$—$14^m.6$

$M = 2427599.495 + 0.5936897 \cdot E$

$M—m = 0^d.10$ Typus RRa

Max.	E	$B—R$
2427599.498	0	+0.003
9747.487	3618	+0.023
9750.408	3623	—0.025
2430382.662	4688	—0.050
0457.496	4814	—0.021
0463.468	4824	+0.014
0583.428	5026	+0.049
0787.628	5370	+0.019

Max.	*E*	*B—R*
2431145.638	5973	+0.034
1223.413	6104	+0.036
1255.454	6158	+0.018
1503.600	6576	+0.002
1610.464	6756	+0.001
1933.461	7300	+0.031
2028.454	7460	+0.034
3096.464	9259	—0.004
3749.510	10359	—0.017
3768.503	10391	—0.022
3828.514	10492	+0.027
4629.380	11841	+0.005
5244.435	12877	—0.002
5605.420	13485	+0.019
5957.460*	14078	+0.001
5960.420*	14083	—0.007
5986.550*	14127	+0.001
5989.515*	14132	—0.003

* Maxima von Platten des Bruce-Astrographen.

Die starke Streuung der Beobachtungen im Maximum deutet auf Veränderlichkeit der Lichtkurve hin. Im Minimum zeigen nur die zeitlich viel später liegenden Platten der Schmidt-Kamera starke Streuung, und es bleibt unentschieden, ob diese ihre Ursache im Stern oder in der zu scharfen Abbildung hat.

3258. **S 5291 Her** μ Cephei-Art; $14^m\!.4$—$15^m\!.4$

Der Lichtwechsel besteht aus Wellen von 110^d bis 220^d Länge, meist mit Amplitude von $0^m\!.5$ bis $0^m\!.7$, selten von $1^m\!.0$, doch sind auch Abschnitte ganz regellosen langsamen Lichtwechsels erkennbar. Der Veränderliche ist rötlich; die beiden Aufnahmen des Mt. Palomar-Atlas zeigen einen Helligkeitsunterschied von etwa $1^m\!.0$ gegen die nicht merklich gefärbten Vergleichsterne. Reihenaufnahmen an der Sonneberger Schmidtkamera und dem Heidelberger Bruce-Astrographen ergeben keine raschen Änderungen. Die Maxima zeigen immer sehr nahe dieselbe Höhe, die Minima schwanken zwischen $15^m\!.0$ und $15^m\!.4$.

3259. **S 4138 Her** Z Aquarii-Stern; $15^m\!.0$—$16^m\!.2$

$$M = 2427620 + 168.36 \cdot E$$

Max.	*E*	*B—R*
2427625:	0	+ 5
8295	4	+ 2
9495:	11	+23
2430133	15	—12
0308	16	— 6
0477	17	— 5

Max.	E	B—R
2430820	19	+ 1
0975:	20	—12
1315	22	— 9
1490:	23	— 2
1649	24	—12
1998	26	+ 1
3002:	32	— 6
3350	34	+ 6
4191	39	+ 5

Die Lichtkurve zeigt Unregelmäßigkeiten nach Form und Amplitude. Mehrfach erscheint sie als Doppelwelle mit einer sekundären Erhebung um maximal $0^m.4$ zur Zeit des berechneten Minimums, die in anderen Zyklen einwandfrei fehlt. Das letzte Maximum ist sehr flach. Der Stern scheint relativ gering gefärbt zu sein, was durch Palomar Obs.-Karte bestätigt wird.

3260. **S 5249 Her** RR Lyrae-Stern; $15^m.9$—$17^m.2$

$M = 2429322.630 + 0.483306 \cdot E$
$M—m = 0^d.065$ Typus RRa

Max.	E	B—R
2429322.591	0	—0.039
9366.571	91	—0.040
2430077.571	1562	+0.017
0259.325:	1938	+0.048
0412.594	2255	+0.109
0457.496	2348	+0.064
0486.418	2408	—0.013
0787.628	3031	+0.098
1223.413	3933	—0.059
1587.428	4686	+0.026
5955.513	13724	—0.009
5956.500:	13726	+0.012
5957.490:	13728	+0.035
5960.400:	13734	+0.045

Wegen Lichtschwäche des Sterns und dürftiger Unterlagen ist die Bearbeitung etwas unsicher, doch läßt die kurze Heidelberger Reihe keine grundsätzlich andere Deutung zu.

3261. **S 4139 Her** RR Lyrae-Stern; $15^m.9$—$16^m.6$

$M = 2429022.497 + 0.4117177 \cdot E$
$M—m = 0^d.055$ Typus RRa

Max.	E	B—R
2429022.537	0	+0.040
9322.591:	729	—0.048
2430024.659	2434	+0.041

Max.	E	$B—R$
2430102.478:	2623	+0.045
0254.343	2992	—0.013
0409.583	3369	+0.009
0876.465:	4503	+0.003
1200.477:	5290	—0.007
1345.344	5642	—0.064
1554.575	6150	+0.014
5955.460	16839	+0.049
5957.470	16844	0.000
5962.405	16856	—0.006
5963.620	16859	—0.026

Mittels einer kurzen Heidelberger Reihe dürfte die Periode grundsätzlich richtig bestimmt sein trotz der Schwäche des Sterns. Ein Versuch, den Stern visuell zu beobachten, mißlang.

3262. 160.1936 Her RR Lyrae-Stern; $12^{m}.9—13^{m}.3$ vis., $12^{m}.8—13^{m}.6$ phot.

$M = 2427543.571 + 0.8059317 \cdot E$

$M—m = 0^{d}.21$ Typus RRb

Max.	E	$B—R$
2427543.473	0	—0.098
7564.525	26	0.000
7719.296	218	+0.032
8341.469	990	+0.026
9022.537	1835	+0.081
9366.571	2262	—0.018
9429.429	2340	—0.022
9790.465	2788	—0.044
9878.363	2897	+0.008
2430102.478	3175	+0.074
0114.467	3190	—0.026
0131.439	3211	+0.021
0201.434	3298	—0.100
0409.583	3556	+0.119
0412.594	3560	—0.094
0463.468	3623	+0.006

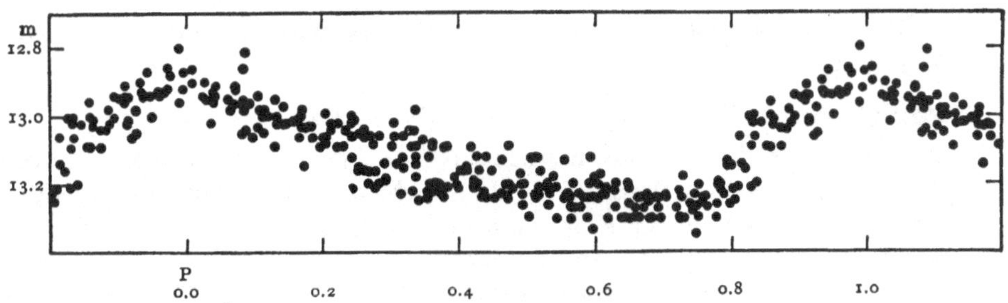

160.1936 Her vis.

Max.	E	$B—R$
2430496.438	3664	—0.067
0546.455	3726	—0.018
0820.444	4066	—0.045
0933.421	4206	+0.101
0937.429	4211	+0.080
1223.413	4566	—0.042
1231.429	4576	—0.085
1289.455	4648	—0.087
1314.401	4679	—0.124
1584.446	5014	—0.067
1589.426	5020	+0.078
1937.425	5452	—0.086
1945.489	5462	—0.081
2087.323	5638	—0.091
3096.464	6890	+0.024
3356.606	7213	—0.150
3390.454	7255	—0.151
3412.450	7282	+0.084
3748.494	7699	+0.055
3768.541	7724	—0.046
3772.543	7729	—0.074
3773.541	7730	+0.118
3797.518	7760	—0.083
3798.454	7761	+0.047
3805.521	7770	—0.139
5599.555	9996	—0.109
5600.550	9997	+0.080
5605.450	10003	+0.144
5663.460	10075	+0.127
5957.504	10440	+0.006
5960.685	10444	—0.037
5962.380	10446	+0.046
5974.380	10461	—0.043
5986.510	10476	—0.001
6007.465	10502	—0.001
6019.555	10517	0.000
6024.390	10523	0.000

Auffällig ist der große Unterschied der photographischen und der visuellen Amplitude.

3263. **161.1936 Her** RW Aurigae-ähnlich; $13^{m}.8$—$15^{m}.2$

Der Stern ist rötlich. Die Kennzeichnung des Typus stützt sich nur auf sein photometrisches Verhalten. Der Hauptlichtwechsel besteht in regellosen Wellen stark wechselnder Amplitude und erinnert, da die Wellen oft nicht länger als 40^{d} bis 60^{d} sind, an eine Untergruppe des RV Tauri-Typus, etwa R Scuti. Der so gekennzeichneten Kurve sind jedoch dann und wann, aber nicht sehr selten, rasche Schwankungen von wenigen Tagen Dauer überlagert, und zwar mehrfach in der Form ausgeprägter Spitzen, wogegen die für den „algol-ähnlichen“ Untertypus charakteristischen Minima fehlen. Als gut gesichertes Beispiel folgt hier eine kurze Beobachtungsreihe:

243 1914.46	$14^m.16$
1917.58	14.53
1931.40	14.57
1933.46	14.21
1937.42	13.97
1939.42	14.62
1940.44	14.61
1945.49	14.84
1964.45	15.24

Zu anderer Zeit erlangte Reihenaufnahmen zeigen keinen merklichen Lichtwechsel innerhalb einiger Stunden und schließen auch eine mehrtägige Periodizität aus. Der rasche Lichtwechsel ist immerhin so bemerkenswert, daß eine Kennzeichnung als μ Cephei-Stern nicht gerechtfertigt erscheint. — Die beiden später hinzugekommenen Teilreihen des Bruce-Astrographen bestätigen diesen Befund: Stillstand bei $14^m.85$, in 2 Nächten rasch verlaufende Erhellungen mit $0^m.3$ Amplitude. Eine visuelle Reihe von 62 Beobachtungen 243 6611 bis 6667 zeigt nur langsamen Lichtwechsel $14^m.2$ bis $14^m.5$. Nach Palomar Obs.-Karte ist der Veränderliche stärker gefärbt als die Nachbarsterne.

3264. **S 5250 Her** RR Lyrae-Stern; $15^m.3$—$16^m.4$

$M = 2427543.443 + 0.3308102 \cdot E$

$M—m = 0^d.05$ Typus RRa

Max.	E	$B—R$
2427543.473	0	+0.030
9022.537	4471	+0.042
9366.571	5511	+0.033
9369.508	5520	—0.007
9373.560	5532	+0.075
2430060.596	7609	+0.018
0259.325	8210	—0.070
0466.468	8836	—0.014
1002.351	10456	—0.043
1207.463	11076	—0.034
1555.460	12128	—0.049
1998.468	13467	+0.004
3090.467	16768	—0.001
5955.620	25429	+0.004
5957.600	25435	0.000
5960.577	25444	—0.001
5962.569	25450	+0.006
5963.553	25453	—0.002
5986.375	25522	—0.006
5987.365	25525	—0.008

3265. **S 5251 Her** β Lyrae-Stern; $15^{m}.7$—$16^{m}.2$

$m_1 = 2430131.441 + 0.822300 \cdot E$

$A_1 = 0^{m}.5 \quad A_2 = 0^{m}.3$:

Min.	E	$B—R$
2430131.439	0	—0.002
0145.439	17	+0.019
0224.376	113	+0.015
0308.235	215	—0.001
0412.594	342	—0.074
0787.628	798	—0.008
0876.465	906	+0.020
5962.390	7091	+0.020
5984.550	7118	—0.022
5989.495	7124	—0.011

3266. **S 5252 Her** RR Lyrae-Stern; $16^{m}.0$—$16^{m}.8$

$M = 2429399.414 + 0.555089 \cdot E$

Max.	E	$B—R$
2429399.456	0	+0.042
9429.429	54	+0.040
2430259.325	1549	+0.078
0464.572	1919	—0.058
0876.465	2661	—0.041
1203.411	3250	—0.042
1223.413	3286	—0.023
1314.401	3450	—0.070
1555.460	3884	+0.080
5955.513	11811	—0.057
6075.500	12027	+0.031
6307.529	12445	+0.032
6397.465	12607	+0.044
6482.272	12760	—0.078
6487.368	12769	+0.023

Wegen des Fehlens photographischer Reihen erwies sich der Stern als sehr schwierig. Die visuellen Beobachtungen liegen an der äußersten Grenze der Reichweite des Instruments.

3267. **S 5253 Her** RR Lyrae-Stern; $15^{m}.8$—$17^{m}.0$

$M = 2429369.487 + 0.5879394 \cdot E$

$M—m = 0^{d}.103$ Typus RRa,b

Max.	E	$B—R$
2429369.508	0	+0.021
9429.429	102	—0.028
9747.487	643	—0.045

Max.	E	B—R
2430101.438	1245	—0.034
0114.467	1267	+0.061
0131.439	1296	—0.017
0254.343	1505	+0,007
0409.583	1769	+0.031
0499.489	1922	—0.018
0787.628	2412	+0.031
1145.638	3021	—0.014
1555.460	3718	+0.014
5954.410	11200	+0.002
5957.400	11205	+0.052
5991.444	11263	—0.004
6018.475	11309	—0.019
6021.420	11314	—0.013
6025.550	11321	+0.001
6051.405	11365	—0.013
6075.520	11406	—0.004
6108.450	11462	+0.002
6127.300	11494	+0.038

3268. S 5292 Her RR Lyrae-Stern; $14^m_.6$—$15^m_.4$

$M = 2429322.650 + 0.7368995 \cdot E$

$M—m = 0^d_.095$ Typus RRa

Max.	E	B—R
2429322.591:	0	—0.059
9429.429:	145	—0.071
2430104.454	1061	—0.046
0259.325	1271	+0.076
0409.583	1475	+0.006
0412.594	1479	+0.070
0457.496	1540	+0.021

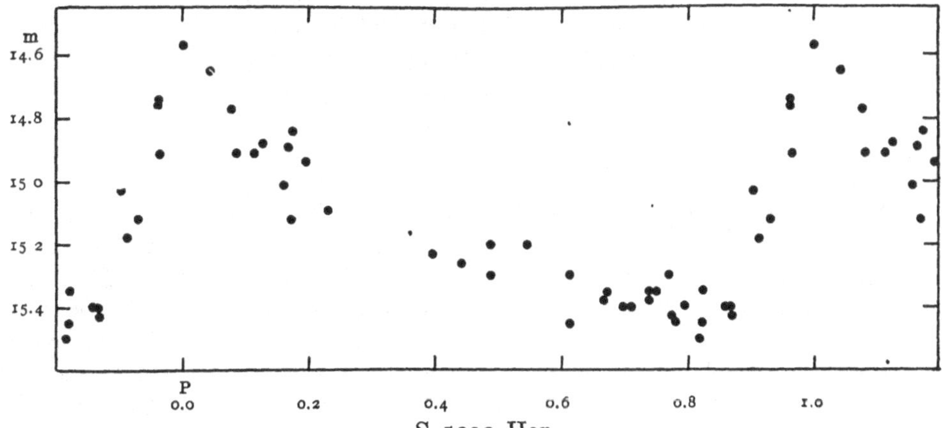

S 5292 Her

Max.	*E*	*B—R*
2430499.489	1597	+0.010
0787.628	1988	+0.022
1555.460	3030	+0.005
4121.390:	6512	+0.050
4180.325:	6592	+0.033
4628.326	7200	0.000
4631.275	7204	+0.001
4636.435	7211	+0.003
5249.535	8043	+0.002
5955.485	9001	+0.003
5963.577	9012	—0.011
5983.470:	9039	—0.015
5986.390:	9043	—0.042
5989.330:	9047	—0.050

3269. S 4140 Her RR Lyrae-Stern; $14^m_.0$—$14^m_.8$

$M = 2429022.527 + 0.5753114 \cdot E$

$M—m = 0^d_.045$ Typus RRa

Max.	*E*	*B—R*
2429022.537	0	+0.010
2430114.467	1898	—0.001
0129.422	1924	—0.004
0409.583	2411	—0.020
0847.414	3172	—0.001
1588.426	4460	+0.010
2028.454	5225	—0.075
3002.554	6918	+0.023
5243.443	10813	+0.074
5977.470	12089	+0.003
5985.518	12103	—0.003
5988.410	12108	+0.013
5989.535	12110	—0.013
5992.418	12115	—0.007
6140.300	12372	+0.020

3270. S 5254 Her RW Aurigae-ähnlich; $14^m_.5$—$16^m_.1$

Die Lichtkurve zeigt vielfach Wellen von 30^d bis 60^d Länge bei sehr wechselnder Amplitude, an anderen Stellen steile Auf- und Abstiege um $0^m_.5$ bis $1^m_.0$ innerhalb weniger Tage bei allgemein großer Unruhe. Der Stern hat einige Ähnlichkeit mit T Tauri, doch sind die Zeiten raschen regellosen Lichtwechsels viel häufiger. Von den typischen RW Aurigae-Sternen unterscheidet er sich durch größere Trägheit der Änderungen. Die erste Heidelberger Reihe zeigt ihn zwischen 5953 und 5963 in langsamem Aufstieg von $15^m_.35$ nach $14^m_.9$ (24 Platten), die zweite von 5982 bis 5991 im Stillstand bei $15^m_.2$ (60 Platten).

Verteilung von 225 photographischen Beobachtungen

$14^{m}.4$	1	$15^{m}.4$	6
14.5	2	15.5	17
14.6	1	15.6	11
14.7	7	15.7	13
14.8	1	15.8	7
14.9	3	15.9	2
15.0	29	16.0	1
15.1	62	16.1	1
15.2	40	16.2	1
15.3	20		

Nach Palomar Obs.-Karte ist der Stern stärker gefärbt als die Sterne der Umgebung, jedoch nicht ausgeprägt rötlich.

3271. **162.1936 Her** Algol-Stern; $13^{m}.9$—$15^{m}.0$

$m = 2427543.421 + 1.4966132 \cdot E$

$D = 0^{d}.15$: $d = 0^{d}.00$ Nebenminimum nicht nachweisbar

Min.	Gr.	E	$B—R$
2427543.474	$14^{m}.55$	0	+0.053
9752.396	14.80	1476	—0.026
2430201.434	14.60	1776	+0.028
0798.620	14.47	2175	+0.065
0843.439	14.86	2205	—0.014
0852.468	14.59	2211	+0.035
1289.453	14.88	2503	+0.009
1937.425	14.51	2936	—0.052
1964.446	14.87	2954	+0.030
4122.527	14.99	4396	—0.006
4131.504	15.09	4402	—0.008
4152.416	14.73	4416	—0.049
5216.560	[1])	5127	+0.003
5695.473	[2])	5447	0.000
5698.461	[3])	5449	—0.005

[1]) 3 Platten der Schmidt-Kamera auf dem absteigenden Ast
[2]) visuell, sehr sicher, 14 Beobachtungen
[3]) visuell, 3 Beobachtungen auf dem absteigenden Ast

3272. **S 5293 Her** RR Lyrae-Stern; $16^{m}.2$—$17^{m}.3$

$M = 2429399.500 + 0.5444548 \cdot E$

$M—m = 0^{d}.14$ Typus RRb

Max.	E	$B—R$
2429399.456	0	—0.044
9429.429	55	—0.016
2430114.467	1313	+0.098
1223.413	3350	—0.011

Max.	E	B—R
2431314.401	3517	+0.053
4121.507	8673	—0.049
4163.516	8750	+0.036
4180.473	8781	+0.115
4535.420	9433	+0.078
4536.455	9435	+0.024
5216.410	10684	—0.045
5217.500	10686	—0.044
5222.444	10695	0.000
5223.498:	10697	—0.035
5962.390:	12054	+0.032

Der Stern ist schwierig wegen Lichtschwäche.

3273. 163.1936 Her RR Lyrae-Stern; $14^m\!.6$—$15^m\!.9$ vis.

$M = 2427550.553 + 0.4596560 \cdot E$

$M—m = 0^d\!.037$ Typus RRa

Max.	E	B—R
2427550.587	0	+0.034
9790.465	4873	+0.008
2430224.376	5817	+0.004
0259.325	5893	+0.019
0380.658	6157	+0.003
0409.583	6220	—0.030
0791.582	7051	—0.005
1203.411	7947	—0.028

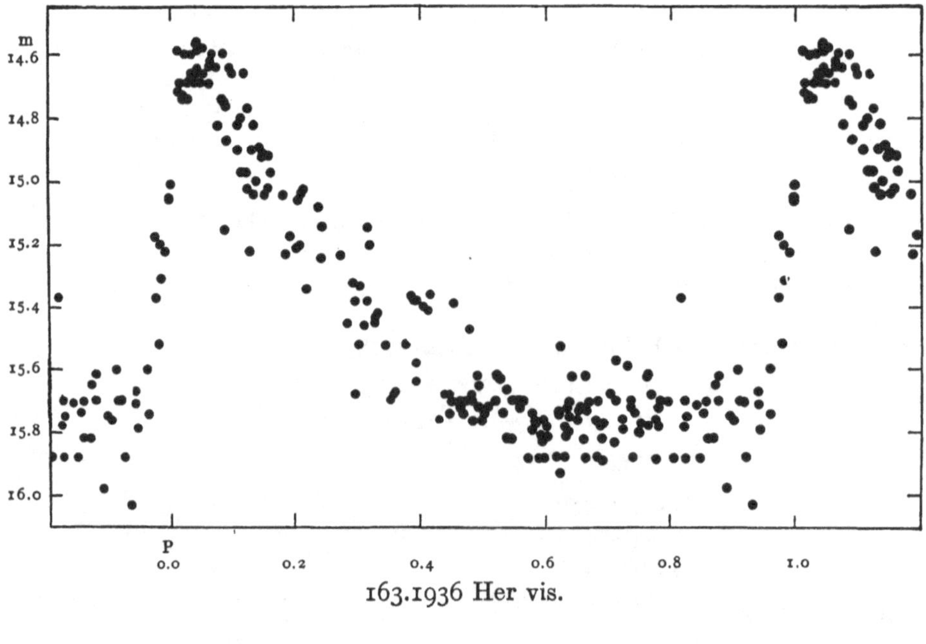

163.1936 Her vis.

Max.	E	B—R
2431254.458	8058	—0.003
1554.575	8711	—0.041
3002.554	11861	+0.021
3390.454	12705	—0.028
4627.403	15396	—0.014
4628.327	15398	—0.009
5248.405	16747	—0.007
5948.473	18270	+0.005
5952.604	18279	—0.001
5959.507	18294	+0.007
5960.420	18296	+0.001
5977.429	18333	+0.003
5987.544	18355	+0.005
5988.453	18357	—0.005
5989.365	18359	—0.013
6005.468	18394	+0.003
6006.385	18396	0.000
6010.526	18405	+0.004
6017.413	18420	—0.004
6023.392	18433	0.000

Bemerkenswert ist die Steilheit des Aufstiegs.

3274. **S 5294 Her** RR Lyrae-Stern; $16^m_.0$—$17^m_.3$

$M = 2429399.471 + 0.4678909 \cdot E$

$M—m = 0^d_.065$ Typus RRa

Max.	E	B—R
2429399.456	0	—0.015
9428.451:	62	—0.029
2430224.376	1763	+0.013
0254.343	1827	+0.035
0486.418:	2323	+0.036
0499.489	2351	+0.006
1145.638	3732	—0.002
1451.706	4386	+0.066
1555.460	4608	—0.052
5984.583	14074	+0.015
5985.510	14076	+0.007
5986.422	14078	—0.017
5987.365	14080	—0.010
5988.330:	14082	+0.019

3275. **164.1936 Her** μ Cephei-Stern; $15^m_.0$—$15^m_.9$

Der Stern ist offenbar rot, da er auf Blauplatten viel schwächer als auf orthochromatischen Platten erscheint; die angegebenen Grenzgrößen sind aus den letzteren ermittelt. Der Lichtwechsel zeigt lange Wellen von kleiner Amplitude, auch Stillstände bei verschiedenen Helligkeiten, offenbar ohne jede Regelmäßigkeit. Reihenaufnahmen mittels der Schmidt-Kamera deuten Schwankungen um einige Zehntel der Größenklasse innerhalb weniger Stunden an, jedoch ist der Stern auf diesen Platten zu schwach, als daß ein rascher Lichtwechsel für wahrscheinlich angesehen werden dürfte. Palomar Obs.-Karte ergibt den Stern zwar stärker gefärbt als die Sterne der Umgebung, jedoch in viel geringerem Maße, als oben mitgeteilter Befund erwarten ließ.

3276. **S 5255 Her** RR Lyrae-Stern; $15^m.0$—$16^m.1$

$M = 2429399.456 + 0.329492 \cdot E$

$M—m = 0^d.14$: Typus RRb:

Max.	Gr.	E	$B—R$
2429399.456	$15^m.06$	0	0.000
9428.451	15.13	88	0.000
9429.429	15.26	91	—0.011
2430114.467	15.26	2170	+0.013
0145.439	15.28	2264	+0.013
0486.418	15.12	3299	—0.032
1200.477	15.27	5466	+0.018
1203.411	15.10	5475	—0.014
1255.454	14.96	5633	—0.030
4121.468	15.18	14331	+0.062
4152.459	15.26	14425	+0.081
4180.435	15.08	14510	+0.050
4627.480	—	15867	—0.026
4628.480	—	15870	—0.014
4629.450	—	15873	—0.033
4636.390	—	15894	—0.012
5661.433	15.04	19005	—0.018
5984.370	—	19985	+0.016

3277. **S 5256 Her** RR Lyrae-Stern; $14^m.6$—$15^m.5$

$M = 2427550.582 + 0.5427273 \cdot E$

$M—m = 0^d.23$ Typus RRc

Max.	E	$B—R$
2427550.587	0	+0.005
9322.591	3265	+0.004
2430102.478	4702	—0.008
0259.325	4991	—0.009
0909.467	6189	—0.054
1145.638	6624	+0.030
1314.401	6935	+0.005
1345.344	6992	+0.013
1451.706	7188	0.000
3330.631	10650	+0.003
4628.310	13041	+0.021

Max.	E	$B—R$
2434629.370	13043	—0.004
4636.405	13056	—0.025
5246.478	14180	+0.023
5984.570	15540	+0.006
5988.360	15547	—0.003
5989.450	15549	+0.001
5990.515	15551	—0.019

Die 8 letzten Epochen sind aus Reihen erhalten.

3278. **165.1936 Her** RW Aurigae-Stern; $13^{m}.8$—$15^{m}.2$

Der Veränderliche ist leicht atypisch; die Amplitude ist relativ klein, und der Lichtwechsel ist weniger lebhaft als im Normalfall. Die Lichtkurve zeigt zeitweilig starke Unruhe. An einigen Stellen sind Wellen von 50^{d} bis 100^{d} Länge angedeutet, denen sich rasche Änderungen von etwa $0^{m}.5$ Amplitude überlagern. Eine dichte Folge von 26 Platten der Schmidt-Kamera in 10 Nächten von 243 5216.45 bis 5227.57 zeigt den Stern im Stillstand bei $14^{m}.75$ und schließt damit regelmäßigen kurzperiodischen Lichtwechsel aus. Längere Stillstände sind sonst nicht nachgewiesen. Der Stern ist nicht stark gefärbt. Die Verteilung der Beobachtungen ergibt die Bevorzugung eines „Normallichtes“ bei $14^{m}.75$, von dem ausgehend starke Erhellungen und geringe Schwächungen erfolgen.

Verteilung von 238 photographischen Beobachtungen

Größe	Anzahl	Größe	Anzahl
$13^{m}.80$—$13^{m}.89$	3	$14^{m}.50$—$14^{m}.59$	14
13.90—13.99	0	14.60—14.69	17
14.00—14.09	3	14.70—14.79	74
14.10—14.19	4	14.80—14.89	44
14.20—14.29	9	14.90—14.99	14
14.30—14.39	15	15.00—15.09	11
14.40—14.49	26	15.10—15.19	4

Palomar Obs.-Karte ergibt gelbe Farbe. Eine visuelle Reihe von 61 Beobachtungen 243 6611 bis 6667 weist eine flache Welle von $0^{m}.3$ Amplitude auf.

3279. **166.1936 = NS Her** Unregelmäßig; $12^{m}.7$—$13^{m}.9$

Kennzeichnend für den Lichtwechsel sind Wellen von 50^{d} bis 100^{d} Länge mit Amplituden bei $0^{m}.5$. Seltener sind Abschnitte sehr geringen Lichtwechsels von mehr als 100^{d} Dauer. An einigen Stellen sind jedoch auch rasche Änderungen der Helligkeit um etwa $0^{m}.5$ innerhalb weniger Tage belegt. Reihenaufnahmen an der Schmidt-Kamera mit je 2 bis 4 Platten je Nacht liegen für 12 Tage vor und ergeben folgenden Befund: An 11 Tagen verhält sich der Stern ruhig, wobei die Streubreite der einzelnen Werte der Beobachtungsgenauigkeit entspricht (im Mittel $0^{m}.044$, maximal $0^{m}.11$). Eine Ausnahme bildet folgende Reihe: 243 4629.356 $13^{m}.67$, 4629.388 $13^{m}.56$, 4629.422 $13^{m}.34$. Ferner ist zwischen 5246.52 und 5248.46 eine Zunahme von $13^{m}.6$ auf $13^{m}.4$

beobachtet, welch letzterer Wert auch noch am folgenden Tag 5249 beibehalten wird. Bemerkenswert ist, daß der Veränderliche nicht merklich gefärbt ist. Es handelt sich demnach um einen jener schwer klassifizierbaren Fälle, die Eigenschaften mehrerer Typen zugleich aufweisen. Der Hauptlichtwechsel ist μ Cephei-artig, und da die rote Farbe fehlt, würde der Stern der Untergruppe UV Bootis zuzuordnen sein. Jedoch zeigt er Eigenschaften, die wieder an einen RWs-Stern erinnern. Photometrisch gleicht er damit Y Leporis; dieser Stern jedoch hat das Spektrum M 4 nach Herbig, M 1 nach Mayall. Vielleicht könnte man den Veränderlichen noch besser mit T Tauri vergleichen (Spektrum dG5e), der jedoch, bei starkem Überwiegen des langsamen Lichtwechsels, eine viel größere Amplitude aufweist. Nach Palomar Obs.-Karte dürfte der Veränderliche gelb sein.

3280. S 5295 Her Raschwechselnder β Lyrae-Stern; $14^{m}_{.}7$—$15^{m}_{.}5$ vis.

$m_1 = 242\,9495.386 + 0.33621098 \cdot E$

$A_1 = 0^{m}_{.}8 \quad A_2 = 0^{m}_{.}5$

Min.	2 *E*	*B—R*
242 9369.508	—749	+0.033
9495.386	0	0.000
9750.408	1517	+0.006
9752.396	1529	—0.023
243 0145.439	3867	—0.011
0201.434	4200	+0.005
0380.658	5266	+0.028
0382.662	5278	+0.015
0431.540	5569	—0.025
0496.438	5955	—0.016
0515.458	6068	+0.008
0588.401	6502	—0.007
1255.454	10470	+0.004
3002.554	20863	—0.017
4152.412	27703	0.000
4163.516	27769	+0.009
4513.519	29851	+0.016
4514.501	29857	—0.011
4535.507	29982	—0.018
5216.527	34033	+0.007
5223.578	34075	—0.003
5955.513	38429	+0.001
5962.412	38470	+0.008
5962.578	38471	+0.006
5963.580	38475	—0.001
6394.441	41040	+0.006
6396.455	41052	+0.002
6397.462	41058	+0.001
6399.477*	41070	—0.001
6403.515	41094	+0.002

Max.	E	$B—R$
2436404.518*	41100	—0.004
6415.442	41165	—0.007
6420.493	41195	+0.001
6421.507	41201	+0.007
6456.306	41408	+0.008
6457.305	41414	—0.002
6459.325*	41426	+0.001
6460.326*	41432	—0.007
6461.344*	41438	+0.003
6462.354	41444	+0.004

Die Vergleichsterne sind bei den visuellen Beobachtungen nicht günstig. Das leichte Überwiegen der positiven Vorzeichen im letzten Teil der Reihe wird durch einige negative Werte bei den am sichersten beobachteten, mit * bezeichneten Epochen kompensiert. Die ungleiche Höhe der Maxima scheint gesichert.

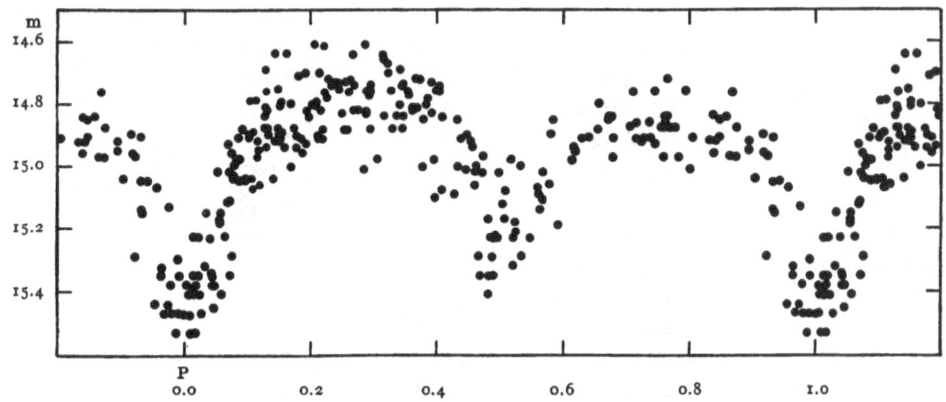

S 5295 Her vis.

3281. **S 5257 Her** RR Lyrae-Stern; $15^{m}.5$—$16^{m}.7$

$M = 242\,7924.392 + 0.5494789 \cdot E$

$M—m = 0^{d}.075$ Typus RRa

Max.	E	$B—R$
2427924.402	0	+0.010
8302.425	688	—0.008
9369.508	2630	—0.014
9402.456	2690	—0.034
9790.465	3396	+0.043
2430101.438	3962	+0.011
0129.422	4013	—0.029
0145.439	4042	+0.053
0457.496	4610	+0.006
0546.455	4772	—0.050
1933.461	7296	+0.071

Max.	E	B—R
2431945.489	7318	+0.010
4121.468	11278	+0.053
4631.310	12206	—0.021
4636.270	12215	—0.007
5243.420	13320	—0.031
5249.490	13331	—0.005
5960.522	14625	+0.001
5986.340	14672	—0.006
5987.453	14674	+0.008
5988.544	14676	0.000

3282. S 5296 Her RR Lyrae-Stern; $15^m_.2$—$15^m_.9$

$M = 242\,9691.561 + 0.6260420 \cdot E$

$M—m = 0^d_.088$ Typus RRa

Max.	E	B—R
2429691.581	0	+0.020
2430024.659	532	+0.044
0145.439	725	—0.002
0224.376	851	+0.053
0254.343	899	—0.030
0308.235	985	+0.023
0409.583	1147	—0.048
1203.411	2415	—0.041
1255.454	2498	+0.040
1588.426	3030	—0.042
4121.507	7076	+0.073
4131.501	7092	+0.050
4501.476	7683	+0.034
4536.478	7739	—0.022
5216.465	8825	+0.083
5219.485	8830	—0.027
5956.400	10007	+0.037

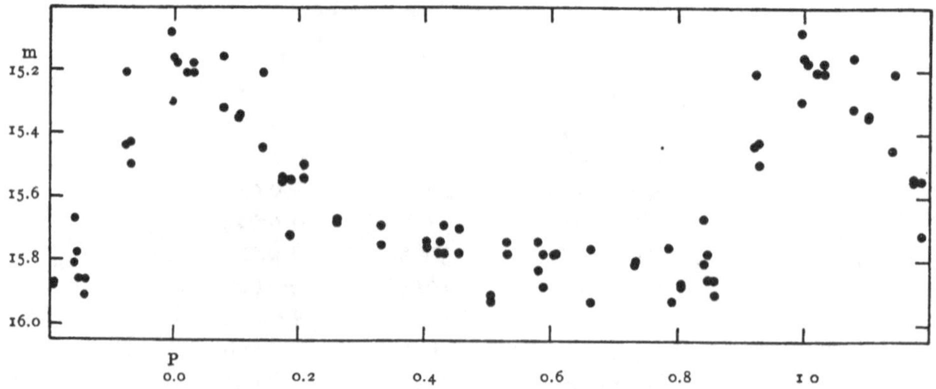

S 5296 Her

Max.	E	B—R
243 5957.596	10009	—0.019
5984.535	10052	0.000
5986.418	10055	+0.005
5989.542	10060	—0.002
5991.420	10063	—0.002

3283. **S 5258 Her** RR Lyrae-Stern; $15^{m}.6$—$16^{m}.3$

$M = 243\,5955.458 + 0.351742 \cdot E$

$M—m = 0^{d}.16$ Typus RRc

Max.	E	B—R
243 5955.460	0	+0.002
5956.520	3	+0.007
5957.560	6	—0.008
6286.455:	941	+0.008
6321.610:	1041	—0.011
6393.410:	1245	+0.033
6394.476	1248	+0.044
6395.530	1251	+0.043
6396.557	1254	+0.015
6397.580	1257	—0.018
6403.580	1274	+0.003
6404.590	1277	—0.043
6448.280	1401	+0.031
6449.314	1404	+0.010
6450.344	1407	—0.015
6451.395	1410	—0.019
6452.463	1413	—0.006

3284. **S 5259 Her** RR Lyrae-Stern; $12^{m}.6$—$13^{m}.2$ vis.

$M = 242\,9322.585 + 0.3762347 \cdot E$

$M—m = 0^{d}.075$ Typus RRa,b

Max.	E	B—R
242 9322.591	0	+0.006
243 0102.478	2073	—0.042
0131.439	2150	—0.051
0145.439	2187	+0.029
0499.489	3128	+0.042
0583.428	3351	+0.081
0787.628	3894	—0.015
1314.401	5294	+0.029
1555.460	5935	—0.078
1587.428	6020	—0.090
4121.468	12755	+0.009
4628.326	14102	+0.079
4631.350	14110	+0.093

Max.	E	B—R
2435240.403	15729	+0.022
5244.515	15740	—0.004
5984.545	17707	—0.028
5986.400	17712	—0.054
5987.555	17715	—0.028
5989.425	17720	—0.039
5990.565	17723	—0.028
6027.450	17821	—0.014
6051.585	17885	+0.042
6070.400	17935	+0.046
6073.365	17943	+0.001
6102.355	18020	+0.021
6108.385	18036	+0.031
6125.272	18081	—0.013
6137.370	18113	+0.046
6142.230	18126	+0.015

Die Maxima sind flach, die Epochen daher unsicher. Die Streuung im Maximum ist für visuelle Beobachtungen ungewöhnlich groß.

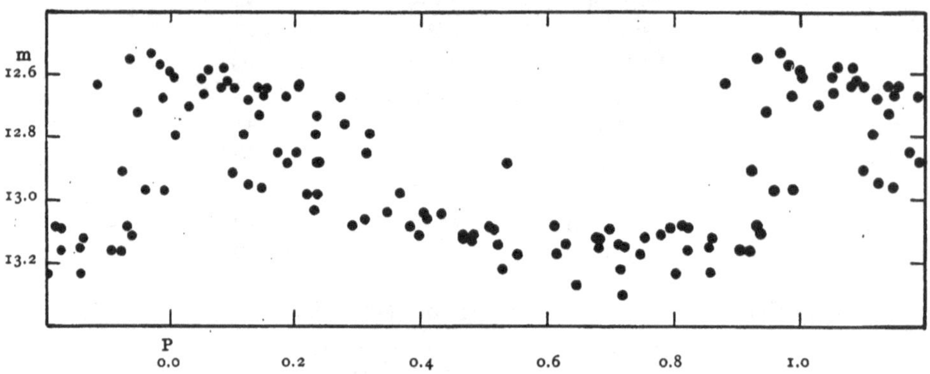

S 5259 Her vis.

3285. S 5260 Her RR Lyrae-Stern; $15^m\!.7$—$16^m\!.6$

$$M = 242\,9022.490 + 0.5488425 \cdot E$$

$M—m = 0^d\!.125$ Typus RRb

Max.	E	B—R
2429022.537	0	+0.047
9366.571	627	—0.043
9747.487	1321	—0.024
2430024.659	1826	—0.017
0145.439	2046	+0.017
0499.489	2691	+0.064
0583.428	2844	+0.030
0876.465	3378	—0.015

Max.	E	$B—R$
243 1223.413	4010	+0.065
1314.401	4176	—0.055
1451.706	4426	+0.039
1555.460	4615	+0.062
4163.516	9367	+0.018
4180.473	9398	—0.039
4533.417	10041	—0.001
5191.540	11240	+0.060
5219.494	11291	+0.023
5962.610	12645	+0.007
5984.555	12685	—0.002
5988.395	12692	—0.004
5989.499	12694	+0.002

3286. S 5297 Her RR Lyrae-Stern; $16^m.3—17^m.2$

$M = 243\,0499.523 + 0.369240 \cdot E$

$M—m = 0^d.065$ Typus RRa

Max.	E	$B—R$
243 0499.489	0	—0.034
4122.524	9812	+0.018
4132.517	9839	+0.042
4152.412	9893	—0.002
4163.516	9923	+0.024
4180.473	9969	—0.004
4190.476	9996	+0.030
4536.400	10933	—0.024
5957.600	14782	—0.029

Die aus Reihenbeobachtungen erhaltene Lichtkurve beweist die grundsätzlich richtige Deutung des Lichtwechsels, doch bleibt unentschieden, ob Widersprüche im Bereich der älteren Einzelbeobachtungen ihre Ursache in der Schwäche des Sterns oder in unrichtiger Epochenzählung haben.

3287. 167.1936 Her RR Lyrae-Stern; $14^m.4—15^m.5$

$M = 242\,8630.598 + 0.7179178 \cdot E$

$M—m = 0^d.095$ Typus RRa

Max.	E	$B—R$
242 8630.578	0	—0.020
9422.444	1103	—0.017
9878.363	1738	+0.024
243 0145.439	2110	+0.034
0201.434	2188	+0.032
0224.376	2220	0.000
0409.583	2478	—0.015
0463.468	2553	+0.026

Max.	E	$B-R$
2430486.418	2585	+0.002
0496.438	2599	—0.028
0791.585	3010	+0.054
1562.547	4084	—0.027
1588.426	4120	+0.007
1937.425	4606	+0.098
3390.454	6630	+0.061
3797.542	7197	+0.090
4627.365*	8353	0.000
4630.235*	8357	—0.002
5243.325*	9211	—0.014
5248.350*	9218	—0.014
5609.528	9721	+0.051
5663.330*	9796	+0.009
5668.355*	9803	+0.009
5955.513+	10203	0.000
5960.522+	10210	—0.017
5986.365+	10246	—0.019
5988.544+	10249	+0.006
5991.395+	10253	—0.014

* Maxima von Platten der Schmidt-Kamera
\+ Maxima von Platten des Bruce-Astrographen.

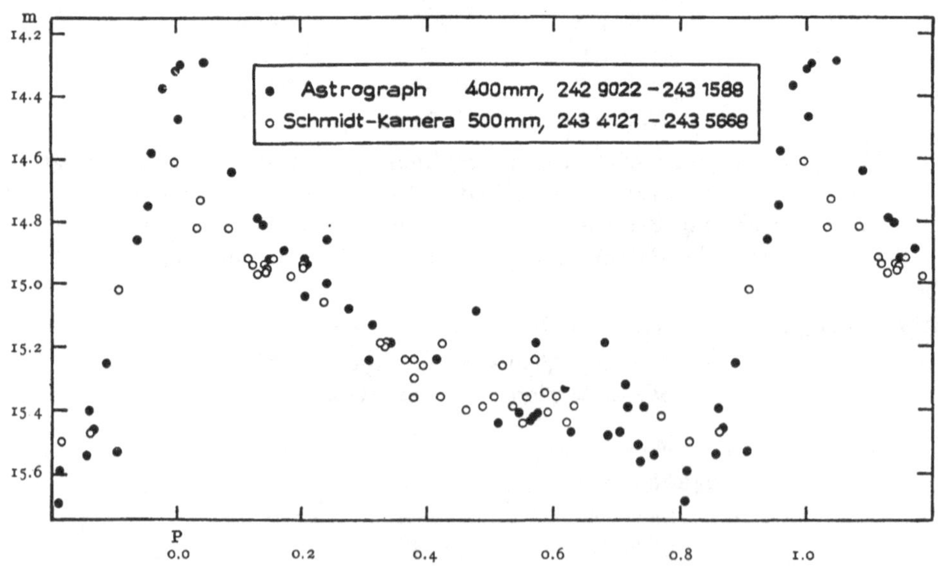

167.1936 Her

Der Unterschied der mit verschiedenen Instrumenten und zu sehr verschiedenen Zeiten erhaltenen Lichtkurven kann reell sein.

3288. **S 5261 Her** RR Lyrae-Stern; $15^m\!.6$—$16^m\!.3$ vis.

$M = 242\,9366.613 + 0.5554943 \cdot E$
$M—m = 0^d\!.085$ Typus RRa

Max.	E	$B—R$
2429366.571	0	—0.042
9691.581*	585	+0.004
2430145.439	1402	+0.023
0382.662	1829	+0.050
0412.594	1883	—0.015
0876.465	2718	+0.018
4629.356	9474	—0.010
5240.403	10574	—0.007
5661.433	11332	—0.041
5986.443*	11917	+0.004
5987.565	11919	+0.015
5991.415	11926	—0.023
6021.445	11980	+0.010
6027.550	11991	+0.005
6051.445*	12034	+0.014
6075.315	12077	—0.003
6140.303	12194	—0.007

Der Stern ist schwach, die Mehrzahl der Epochen ist wenig sicher. Die letzten 5 Maxima sind visuell beobachtet. * sichere Maxima.

3289. **Ross 379 = LU Her** Mira-Stern; $12^m\!.4$—$17^m\!.5$

$M = 242\,7581 + 217.54 \cdot E$
$M—m = 96^d$ Form der Lichtkurve β_2

Max.	E	$B—R$
2427580*	0	— 1
8230:	3	— 4
8670:	5	+ 1
9313	8	— 8
9757*	10	+ 1
2430190	12	— 1
0418	13	+ 9
0848*	15	+ 4
1276*	17	— 3
1510	18	+13
1937*	20	+ 5
3028	25	+ 8
3460:	27	+ 5
5624*	37	— 6

* sichere Maxima

3290. S 5262 Her RR Lyrae-Stern; $14^m.5$—$15^m.6$

$M = 242\,9022.487 + 0.6003396 \cdot E$

$M-m = 0^d.07$ Typus RRa

Max.	E	$B-R$
2429022.537	0	+0.050
9369.508	578	+0.025
2430102.478	1799	—0.020
0254.343	2052	—0.041
0464.572	2402	+0.069
0583.428	2600	+0.058
5956.415	11550	+0.006
5962.412	11560	—0.001
5963.605	11562	—0.008

3291. S 4141 = V 351 Her Y Leporis-Stern; $11^m.6$—$12^m.6$

Der gelbe Stern wurde als kurzperiodisch angezeigt, doch hat sich diese Annahme nicht bestätigt. Die Untersuchung stützt sich u. a. auf eine Reihe von 162 visuellen Beobachtungen zwischen 243 2803 und 3570. Die Lichtkurve zeigt regellose Wellen von 60^d bis 100^d Länge, dann und wann jedoch auch raschere Änderungen von $0^m.5$ innerhalb weniger Tage. Die Reihenaufnahmen an der Schmidt-Kamera lassen Änderungen um $0^m.3$ innerhalb einer Nacht vermuten, doch zeigen die einem anderen Zeitabschnitt angehörenden visuellen Beobachtungen solche Schwankungen nicht; wohl aber lassen sie die Möglichkeit von Wellen sehr kleiner Amplitude und mit einer Länge von etwa 20^d zu. Im allgemeinen macht die Lichtkurve einen sehr unruhigen Gesamteindruck, der durch Abschnitte stilleren Verlaufs nicht wesentlich beeinträchtigt wird. Nach Palomar Obs.-Karte ist der Stern gelb bis rötlich, was zum angenommenen Typus paßt.

3292. S 5263 Her RR Lyrae-Stern; $16^m.0$—$17^m.1$

$M = 243\,4131.501 + 0.515828 \cdot E$

$M-m = 0^d.16$ Typus RRb

Max.	E	$B-R$
2434131.501	0	0.000
4132.517	2	—0.016
4133.564	4	0.000
5191.540	2055	+0.012
5223.510	2117	+0.001
5955.467	3536	—0.002
5956.509	3538	+0.009
5957.555	3540	+0.023
5986.420	3596	+0.002
5987.453	3598	+0.003
5988.472	3600	—0.010
5989.500	3602	—0.013
5990.540	3604	—0.005
5991.560	3606	—0.017

Früher beobachtet auf Einzelplatten sind folgende Maxima:

2429022.537	2430380.658	2430457.496
9429.429	0409.583	0787.628
2430114.467	0412.594	1345.344

Die oben mitgeteilte Formel ergibt für die ersten dieser Maxima einen Fehler von fast 0.5 P. Eine Darstellung aller beobachteten Maxima ist möglich mit P = $0^{d}.515848$, jedoch zeigen dann die *B—R* des zweiten Teils einen kaum zulässigen Gang. Anscheinend ist die Periode nicht konstant; die oben gegebenen Elemente sind daher als instantane anzusehen. Daß der Lichtwechsel grundsätzlich richtig gedeutet ist, zeigt die Lichtkurve, die aus allen Beobachtungen zwischen 243 4121 und 5991 erhalten ist.

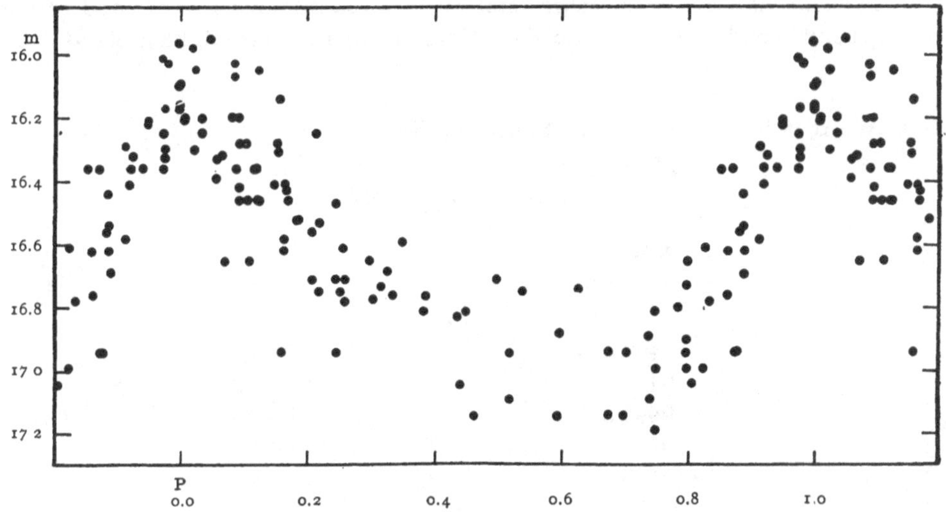

S 5263 Her

3293. S 5264 Her μ Cephei-Art; $13^{m}.7$—$14^{m}.3$

Der rötliche Stern zeigt meist flache Wellen bei kleiner Amplitude ohne jede erkennbare Regelmäßigkeit. Zeitweilig, so von 243 1200 bis 1350, ist jedoch ein recht unruhiger Verlauf der Kurve angedeutet, der an Y Leporis-Typus erinnert. Ob Änderungen um einige Zehntel der Größenklasse innerhalb weniger Tage reell sind, konnte nicht entschieden werden. — Auf Palomar Obs.-Karte ist die Färbung erkennbar, jedoch geringer als erwartet.

3294. 168.1936 = GP Her Mira-Stern; $11^{m}.8$—$17^{m}.2$

$$M = 242\,7543 + 258.65 \cdot E$$
$$M{-}m = 127^{d} \quad \text{Form der Lichtkurve } \beta_2$$

Max.	Gr.	*E*	*B—R*
2427540	$12^{m}.1$	0	— 3
8330	12.2	3	+11
9350	—	7	— 4
2430136	12.7	10	+ 6

Max.	Gr.	E	$B—R$
2430375	—	11	—13
0895	—	13	—10
1155	$12^{m}.2$	14	— 9
1937	12.5	17	— 3
2713	—	20	— 3
2975	—	21	0
3758	12.6	24	+ 7
4528	11.8	27	+ 1
5565	—	31	+ 4

Als Minimalgröße ist der schwächste beobachtete Wert gegeben. Es ist möglich, daß der Stern manchmal noch etwas schwächer wird; andererseits scheint ziemlich sicher, daß das Minimum in manchen Zyklen etwas heller als 17^{m} ist.

3295. 169.1936 Her RR Lyrae-Stern; $14^{m}.8$—$15^{m}.8$ vis.

$M = 242\,7719.281 + 0.3905\,308 \cdot E$

$M—m = 0^{d}.023$ Typus RRa

Max.	E	$B—R$
2427719.296	0	+0.015
9373.560	4236	—0.009
9402.456	4310	—0.013
9429.429	4379	+0.014
9495.386	4548	—0.029
9752.396	5206	+0.012
2430103.491	6105	+0.019
0382.662	6820	—0.039
0515.458	7160	—0.024
0793.542	7872	+0.003

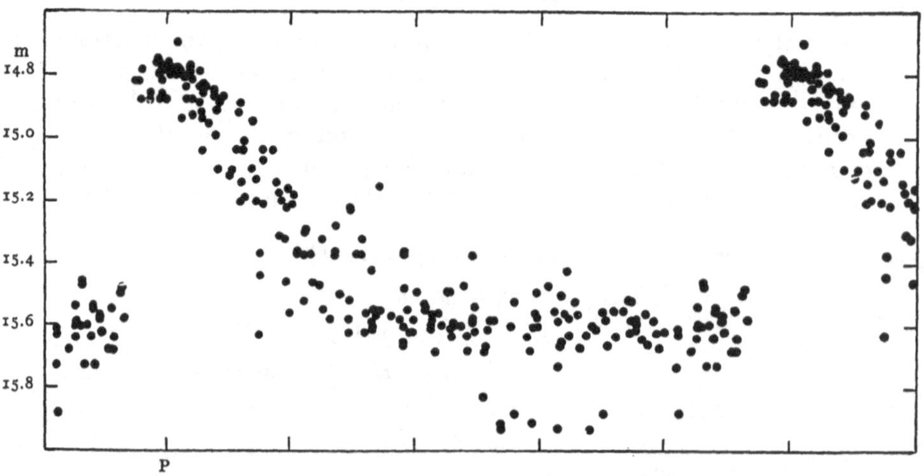

169.1936 Her vis.

Max.	E	$B-R$
243 1200.477	8914	+0.004
1345.344	9285	—0.015
1555.460	9823	—0.005
1589.426	9910	—0.015
1937.425	10801	+0.021
2026.459	11029	+0.014
3039.516	13623	+0.034
3096.464	13769	—0.036
3412.450	14578	+0.011
3772.530	15500	+0.022
3797.518	15564	+0.016
4514.465	17400	—0.052
4534.417	17451	—0.017
5217.415	19200	—0.057
5224.495	19218	—0.007
5663.459	20342	0.000
5934.486	21036	—0.001
5937.606	21044	—0.005
5952.458	21082	+0.007
5957.526	21095	—0.002
5959.474	21100	—0.007
5963.374	21110	—0.012
5977.457	21146	+0.012
5984.471	21164	—0.004
5991.512	21182	+0.008
6018.460	21251	+0.009
6020.416	21256	+0.012
6023.527	21264	—0.001
6025.483	21269	+0.002

Bemerkenswert ist der offenbar extrem steile Aufstieg.

3296. **S 5265 Her** Algol-Stern; $14^m_.9$—$15^m_.6$

$m = 242\,9322.619 + 2.651009 \cdot E$

$D = 0^p_.07 = 0^d_.185$ Nebenminimum angedeutet $\sim 0^m_.1$

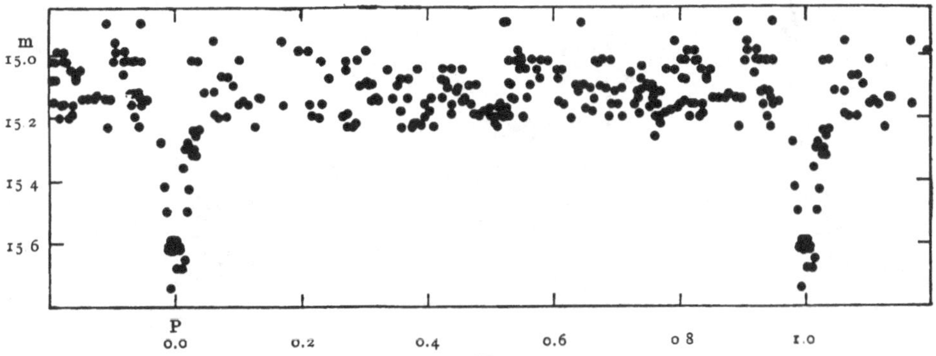

S 5265 Her vis.

Min.	Gr.	E	$B—R$
242 9322.591	15^{m}.35	0	—0.028
9399.456	15.37	29	+0.042
243 0409.583	15.36	410	+0.050
0486.418	15.51	439	+0.006
1207.463	15.60	711	—0.023
1223.413	15.35	717	+0.021
1345.344	15.54	763	+0.005
1610.464	15.60	863	+0.024
5955.467	15.48	2502	+0.023
6395.506	15.62	2668	—0.005
6403.467	15.65	2671	+0.003

3297. **S 5298 Her** RR Lyrae-Stern; 13^{m}.7—14^{m}.8

$M = 242\,9322.598 + 0.6307071 \cdot E$

$M—m = 0^{d}.060$ Typus RRa

Max.	E	$B—R$
242 9322.591	0	—0.007
9691.581	585	+0.019
243 0077.571	1197	+0.017
0499.489	1866	—0.008
0583.428:	1999	+0.047
0909.467	2516	+0.010
1314.401	3158	+0.030
1345.344:	3207	+0.068
1587.428	3591	—0.039
5983.548:	10561	+0.052

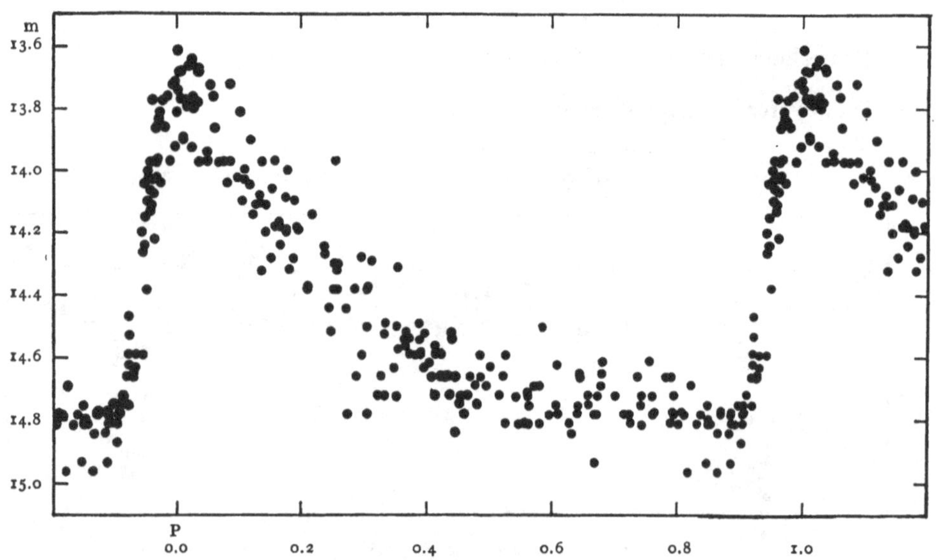

S 5298 Her vis.

Max.	E	$B—R$
2435985.410	10564	+0.022
5988.532	10569	—0.009
5990.445	10572	+0.012
6393.453	11211	—0.002
6400.406	11222	+0.013
6403.539	11227	—0.008
6410.482	11238	—0.002
6448.305	11298	—0.022
6453.372	11306	0.000
6458.414	11314	—0.004
6460.320	11317	+0.010
6482.389	11352	+0.004

3298. S 4142 Her RR Lyrae-Stern; $16^m_.0—16^m_.9$

$M = 242\,9402.449 + 0.3815794 \cdot E$

$M—m = 0^d_.04$ Typus RRa

Max.	E	$B—R$
2429402.456	0	+0.007
9428.451	68	+0.055
2430114.467	1866	—0.009
0145.439	1947	+0.055
0308.235	2374	—0.083
0499.489	2875	—0.001
0583.428	3095	—0.009
0787.628	3630	+0.046
0876.465	3863	—0.025
1200.477	4712	+0.026
4132.517	12396	+0.010
4501.476	13363	—0.019
4514.501	13397	+0.033
4535.465	13452	+0.010
5223.432	15255	—0.011
5226.455	15263	—0.040
5983.548	17247	—0.001
5985.446	17252	—0.011
5987.355	17257	—0.010
5988.525	17260	+0.016
5990.423	17265	+0.006

Die letzten 6 Maxima beruhen auf Heidelberger Reihen. Auf Palomar Obs.-Karte ist der Veränderliche etwas blauer als die Nachbarsterne.

3299. S 4143 Her RR Lyrae-Stern; $15^m_.1—16^m_.0$ vis.

$M = 242\,8248.528 + 0.3203689 \cdot E$

$M—m = 0^d_.045—0^d_.090$ Typus RRa—RRb

Lichtkurve veränderlich

Max.	E	B—R
2428248.542	0	+0.014
8341.469:	290	+0.034
9022.537	2416	—0.002
9369.508:	3499	+0.009
9402.456	3602	—0.041
2430024.659	5544	+0.006
0412.594	6755	—0.026
1145.638	9043	+0.014
5960.494	24072	+0.046
5962.375	24078	+0.005
5963.420	24081	+0.089
5967.590:	24094	+0.094
5977.465	24125	+0.037
5984.508	24147	+0.032
5987.403	24156	+0.044
6010.450	24228	+0.024
6018.497	24253	+0.062

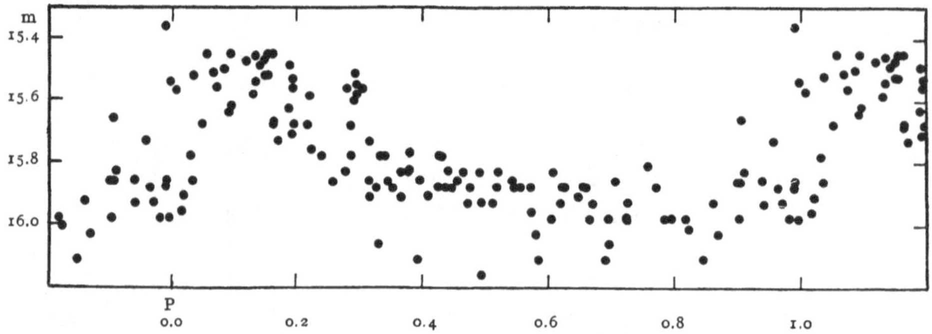

S 4143 Her 243 5960—6041

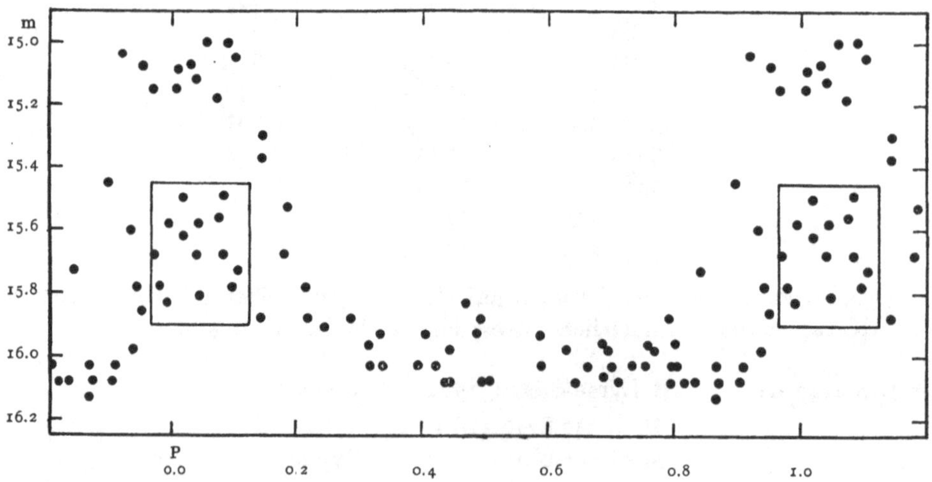

S 4143 Her 243 6051—6160

Max.	E	$B—R$
2436019.420	24256	+0.024
6025.545	24275	+0.062
6026.485	24278	+0.041
6027.445	24281	+0.040
6035.411:	24306	—0.003
6051.440	24356	+0.007
6075.482	24431	+0.021
6102.340:	24515	—0.032
6108.475	24534	+0.016
6127.337	24593	—0.023

Der Stern zeigt einen starken und anscheinend unregelmäßig auftretenden Blažko-Effekt.

Während des ersten Teils der visuellen Beobachtungen beträgt die Amplitude nur $0^m.5$ bei Kurvenform RRb. Dann vollzieht sich relativ rasch der Übergang zu RRa, wobei die Amplitude auf $0^m.9$ ansteigt; einzelne Beobachtungen gehören jedoch auch in der Folgezeit der flachen Form an. Die in der zweiten Abbildung durch ein Rechteck umschlossenen Punkte liegen bei 6108, 6112, 6113 und 6130, 6137, 6145. Bei 6130 hat offenbar ein flaches Maximum stattgefunden, wogegen ein bei 6127 beobachtetes eindeutig der steilen Form angehört. Wie die erste Abbildung zeigt, treten die flachen Maxima um $0^P.12 = 0^d.038$ verspätet ein, was auch in den B–R-Werten zum Ausdruck kommt.

3300. **S 5266 Her** W Ursae majoris-Stern; $15^m.5—15^m.8$ vis.

$m_1 = 242\,7571.460 + 0.4921282 \cdot E$

$A_1 = A_2 = 0^m.3$

Min.	E	$B—R$
2427571.510	0	+0.050
7719.296	300.5	—0.049
8630.578	2152	+0.058
9023.434	2950.5	—0.050
9373.560	3662	—0.073
9399.456	3714.5	—0.014
9428.451	3773.5	—0.055
9429.429	3775.5	—0.061
9495.386	3909.5	—0.049
2430101.438	5141	—0.053
0102.478	5143	+0.003
0104.454	5147	+0.010
0201.434	5344	+0.041
0409.583	5767	+0.020
0463.468	5876.5	+0.017
4131.501	13330	—0.028
4180.473	13429.5	—0.023
4536.534	14153	—0.016

Max.	*E*	*B—R*
2435191.578	15484	+0.005
5223.575	15549	+0.014
5224.559	15551	+0.013
5226.497	15555	—0.017
5957.585	17040.5	+0.014
5960.540	17046.5	+0.017
5962.540	17050.5	+0.048
5963.533	17052.5	+0.057
6010.517	17148	+0.043
6024.544	17176.5	+0.044
6025.485	17178.5	+0.001
6073.485	17276	+0.018
6074.430	17278	—0.021
6075.405	17280	—0.030
6108.410	17347	+0.002
6112.365	17355	+0.020
6127.313	17385.5	—0.042
6130.282	17391.5	—0.026
6132.275	17395.5	—0.001
6133.215	17397.5	—0.045

Die Minima sind flach und schwer bestimmbar, was auch für die mit 5957 beginnenden visuellen Epochen gilt, zumal der Stern schwach ist.

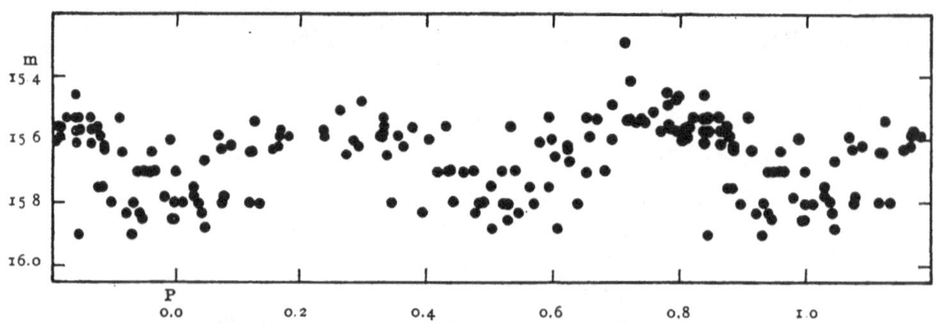

S 5266 Her vis.

3301. **S 5267 Her** RR Lyrae-Stern; $14^m.2$—$15^m.5$

$M = 242\,7543.453 + 0.5571380 \cdot E$

$M - m = 0^d.095$ Typus RRa

Max.	*E*	*B—R*
2427543.473	0	+0.020
9045.432	2696	—0.065
9747.487	3956	—0.004
9878.363	4191	—0.055
2430060.596	4518	—0.006
0103.491	4595	—0.011

Max.	*E*	*B—R*
2430132.459	4647	—0.014
0382.662	5096	+0.034
0546.455	5390	+0.028
0787.628	5823	—0.040
0791.582	5830	+0.014
0843.439	5923	+0.058
1200.477	6564	—0.030
1263.474	6677	+0.011
1345.344	6824	—0.019
1451.706	7015	—0.070
1584.446	7253	+0.071
1915.465	7847	+0.150
1998.468	7996	+0.140
3096.464	9967	+0.017
3412.450	10534	+0.105
5573.519	14413	+0.036
5953.441	15095	—0.010

Es standen nur photographische Beobachtungen zur Verfügung. Die Darstellung ließe sich verbessern, wenn man bei der letzten Epoche einen größeren negativen Fehler zuließe. Diese Epoche vertritt jedoch eine Heidelberger Reihe, die 4 Abstiege erfaßt, und ist gut gesichert. Größere positive Abweichungen waren zu erwarten, da die Einzelplatten zum Teil außerhalb des größten Lichtes liegen.

3302. S 3466 = 139.1943 **Her** Unregelmäßig; $12^m.8$—$13^m.9$

Der Lichtwechsel besteht in regellosen Wellen wechselnder Amplitude mit Längen von 50^d bis 100^d ohne ausgeprägte Stillstände. Reihenaufnahmen zeigen keine verbürgten raschen Änderungen innerhalb einiger Stunden. Dagegen dürften Änderungen bis zu $0^m.4$ in 2^d gesichert sein. Der Veränderliche ist wenig stärker gefärbt als die Vergleichsterne. Blauplatten zeigen ihn $0^m.2$ bis $0^m.5$ schwächer, gelbempfindliche Platten $0^m.1$ bis $0^m.3$ heller als die normalen schwach orthochromatischen Platten. Auch nach Palomar Obs.-Karte ist der Veränderliche gelber als die Nachbarsterne. Es liegt hier ein ähnlicher, aber weniger ausgeprägter Fall vor wie unter NS Her beschrieben.

3303. S 3467 = 140.1943 = **NU Her** Mira-Stern; $13^m.0$—$17^m.8$

$$M = 242\,7475 + 324.6 \cdot E$$

M—m = 145^d: Form der Lichtkurve β_1—β_2

Max.	*E*	*B—R*
2427473:	0	— 2
9433	6	+10
9747	7	0
2430060	8	—12
0394	9	— 2

Max.	E	$B—R$
2431380	12	+10
1705:	13	+10
2030	14	+11
2990:	17	— 3
5585	25	— 5

Die Höhe der Maxima dürfte zwischen $13^m_.0$ und $13^m_.8$ veränderlich sein.

3304. **170.1936 Her** UV Bootis-Stern; $13^m_.1—14^m_.4$

Die Lichtkurve zeigt Wellen von 60^d bis 150^d Länge und sehr wechselnder Amplitude. Der Veränderliche erinnert an einen RV Tauri-Stern, kann aber kaum als Nebenform dieses Typus angesprochen werden, da er kaum die Bezeichnung als halbregelmäßig rechtfertigt. Mehrfach sind die kürzeren Wellen kleiner Amplitude den längeren überlagert, auch ist die Gesamtamplitude zeitweilig bis auf etwa $0^m_.5$ vermindert. Rascher Lichtwechsel ist nirgends nachgewiesen. Die Lichtkurve gleicht der mancher RW Aurigae-Sterne mit 10- bis 100-fach verlangsamtem Ablauf. Der Stern ist nur wenig stärker gefärbt als die Vergleichsterne, was durch die Palomar Obs.-Karte bestätigt wird.

3305. **S 5268 Her** μ Cephei-Art; $11^m_.7—12^m_.8$

Der Lichtwechsel wird wesentlich bestimmt durch Wellen von etwa 80^d bis 110^d Länge mit Amplituden zwischen $0^m_.2$ und $1^m_.0$. Stillstände im engeren Sinne sind nicht beobachtet. Darstellung durch eine Periode dürfte nur für kurze Abschnitte möglich sein. Der Stern ist zwar merklich gefärbt, aber geringer als bei normalen μ Cephei-Sternen.

3306. **S 5269 Her** RR Lyrae-Stern; $16^m_.3—17^m_.4$

$$M = 242\,9399.486 + 0.6417657 \cdot E$$
$$M—m = 0^d_.13 \quad \text{Typus RRb}$$

Max.	E	$B—R$
2429399.456	0	—0.030
9691.581	455	+0.092
2430114.467	1114	+0.054
0254.343	1332	+0.025
0308.235	1416	+0.009
0382.662	1532	—0.009
0409.583	1574	—0.042
0499.489	1714	+0.017
0787.628	2163	+0.003
1223.413	2842	+0.029
1255.454	2892	—0.018
1345.344	3032	+0.024
4132.517	7375	+0.009
4152.412	7406	+0.009
4501.476	7950	—0.047

Max.	E	B—R
2434514.409	7970	+0.050
4535.495	8003	—0.042
5196.577	9033	+0.021
5216.480	9064	+0.030
5223.465	9075	—0.045
5956.415	10217	+0.009
5986.540	10264	—0.029
5988.500	10267	+0.006

3307. S 4144 Her RR Lyrae-Stern; $15^m.8$—$16^m.4$ vis.

$M = 243\,0024.639 + 0.5134647 \cdot E$

$M—m = 0^d.13$: Typus RRb:

Max.	E	B—R
2430024.659	0	+0.020
0060.596	70	+0.014
0114.467	175	—0.028
0224.376	389	—0.001
0457.496	843	+0.006
0787.628	1486	—0.020
1255.454	2397	+0.040
1314.401	2512	—0.061
5986.465	11611	—0.013
5987.498	11613	—0.007
5988.544	11615	+0.013

3308. S 5270 Her RR Lyrae-Stern; $15^m.3$—$16^m.7$

$M = 243\,0024.600 + 0.3413878 \cdot E$

$M—m = 0^d.05$ Typus RRa

Max.	E	B—R
2430024.659	0	+0.059
0104.454	234	—0.031
0131.439	313	—0.015
0457.496	1268	+0.016
0499.489	1391	+0.019
0583.428	1637	—0.024
0787.628	2235	+0.026
0909.467	2592	—0.010
4131.501	12030	+0.006
4132.517	12033	—0.002
4513.519	13149	+0.011
4514.535	13152	+0.003
5218.455	15214	—0.019
5219.477	15217	—0.021
5220.515	15220	—0.007

Max.	E	$B—R$
243 5955.530	17373	0.000
5957.596	17379	+0.017
5983.549	17455	+0.025
5984.540	17458	—0.008
5985.570	17461	—0.002

Nur photographische Beobachtungen.

3309. **S 3468 = 141.1943 Her** RR Lyrae-Stern; $14^m.4$—$15^m.5$ vis.

Der Stern erschien bei der Beobachtung als normales Objekt seiner Klasse, bereitete jedoch der Bearbeitung ungewöhnliche Schwierigkeiten. Die photographischen Beobachtungen führten auf P = 0.37806, jedoch mit unzulässigen Werten $B—R$. Der Stern wurde daraufhin visuell beobachtet mit folgendem Ergebnis:

Instantane Elemente: $M = 243\,5938.575 + 0.377957 \cdot E$

Max.	E	$B—R$
243 5938.607	0	+0.032
5951.399	34	—0.027
5952.588	37	+0.029
5957.456	50	—0.017
5960.505	58	+0.008
5962.374	63	—0.012
5963.531	66	+0.011
5985.420	124	—0.022
5988.449	132	—0.016
5991.489	140	0.000
6005.480	177	+0.007
6019.450	214	—0.008
6025.520	230	+0.015

Wie ersichtlich, sind die Werte $B—R$ hier nicht unzulässig groß. Die nebenstehende Zeichnung läßt jedoch erkennen, daß den erheblich schärfer bestimmten Maxima dennoch nicht voll genügt wird, daß vielmehr Unregelmäßigkeiten auftreten, und zwar Verfrühungen und Verspätungen in regelloser Folge, vielleicht in systematischem Zusammenhang mit Deformationen der Lichtkurve.

Eine hinreichende Darstellung der 25 photographischen Maxima von 242 9022 bis 243 5664 war nicht möglich. Schon die Überbrückung der Zwischenzeit vom letzten photographischen zum ersten visuellen Maximum erfordert einen etwas größeren Periodenwert, und der ganzen Reihe kann man noch am besten genügen mit der Formel:

Mittlere Elemente $M = 242\,9022.460 + 0.3780735 \cdot E$

$M—m = 0^d.055$ Typus RRa

Im Hinblick auf die Unregelmäßigkeiten stellt diese Formel auch die visuellen Maxima noch hinreichend dar. Die Lichtkurve beruht jedoch auf der oben gegebenen instantanen Formel. Die große Streuung wird durch die Unregelmäßigkeiten verursacht.

Ein nach Abschluß der Bearbeitung beobachtetes Maximum wird durch die instantane Formel genau dargestellt:

Max. 243 6112.435 $E = 460$ $B—R = 0.000$

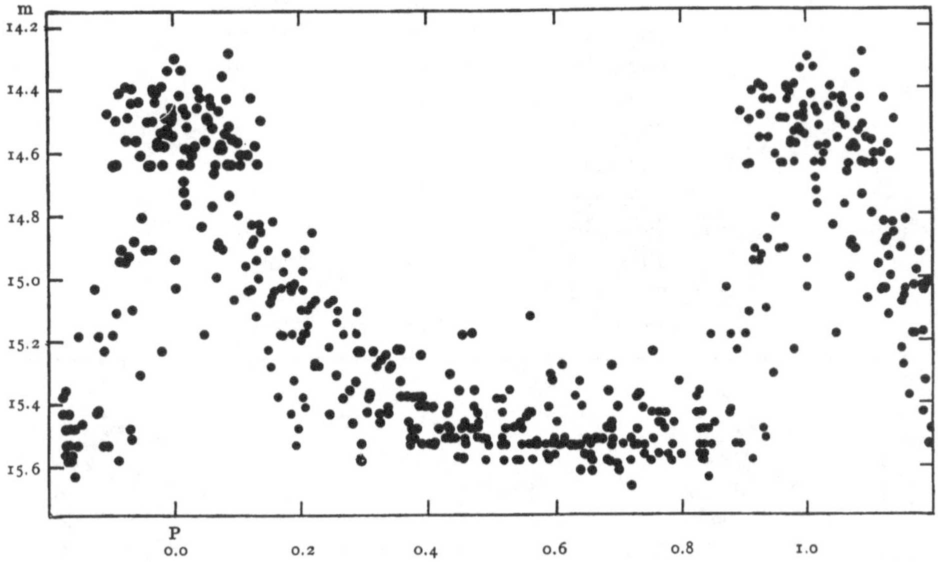

S 3468 = 141.1943 Her vis.

3310. **S 4145 Her** Y Leporis-Stern; $13^m.8—15^m.0$

Der Lichtwechsel ist gekennzeichnet durch Wellen von 80^d bis 160^d Länge, wobei die Amplituden meist bei $0^m.6$ liegen. Abschnitte geringen Lichtwechsels sind selten. Überlagert sind dann und wann rasche Änderungen von $0^m.3$ bis $0^m.6$ Amplitude innerhalb von 1^d bis 3^d, jedoch zeigen Reihenaufnahmen auch Lichtänderungen von etwa $0^m.3$ innerhalb einiger Stunden. Der Stern ist gelb bis rötlich.

3311. **S 4146 Her** RR Lyrae-Stern; $14^m.6—15^m.5$ vis.

$M = 242\,7543.498 + 0.5490263 \cdot E$

$M—m = 0^d082$ Typus RRa

Max.	E	$B—R$
2427543.473	0	—0.025
7599.498	102	—0.001
8630.578	1980	+0.008
9429.429	3435	+0.026
2430101.438	4659	+0.026
0102.478	4661	—0.032
0129.422	4710	+0.010
0224.376	4883	—0.017
0499.489	5384	+0.033

Max.	E	$B-R$
243 1255.454	6761	—0.011
5937.581	15289	+0.020
5952.376	15316	—0.009
5958.436	15327	+0.012
5959.518	15329	—0.004
5960.610	15331	—0.010
5963.365	15336	0.000
5964.442	15338	—0.021
5974.373	15356	+0.027
5985.345	15.376	+0.019
5987.532	15380	+0.010
5991.384	15387	+0.018
5992.475	15389	+0.011
6020.455	15440	—0.009
6025.366	15449	—0.039

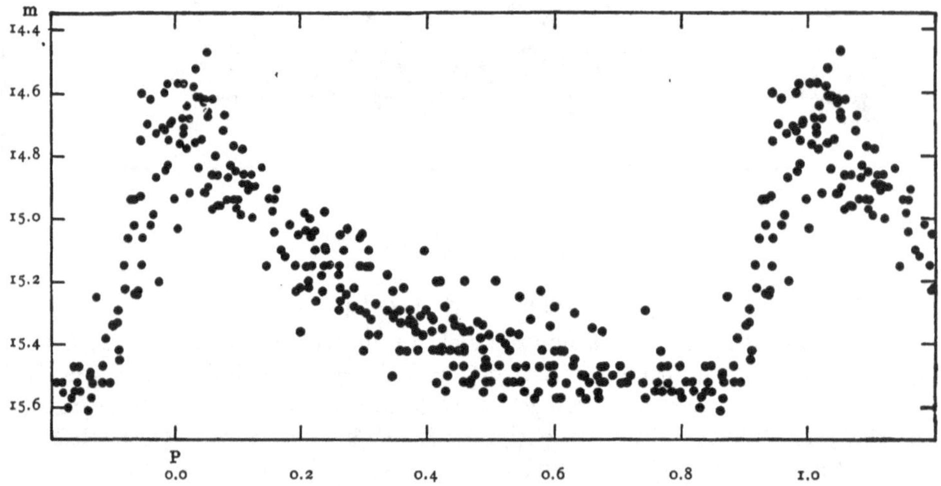

S 4146 Her vis.

3312. S 5271 Her RR Lyrae-Stern; $15^{m}_{.}8$—$16^{m}_{.}7$

$M = 243\,4533.400 + 0.296780 \cdot E$

$M-m = 0^{d}05$: Typus RRa:

Max.	E	$B-R$
2434533.400	0	0.000
4534.310	3	+0.020
4535.530	7	+0.053
4536.370	10	+0.002
5217.520	2305	+0.042
5220.430	2315	—0.016
5223.370	2325	—0.044
5224.600	2329	—0.001
5226.620	2336	—0.058

Max.	E	$B—R$
2435957.340	4798	—0.010
5984.330	4889	—0.027
5985.560	4893	+0.015
5986.480	4896	+0.045
5988.510	4903	—0.002

Zur Bestimmung der Periode sind nur die 4 aus Reihen der Schmidt-Kamera und die aus den beiden Bruce-Reihen erhaltenen, zum Teil auch wenig sicheren Maxima benutzt, doch werden die auf älteren Einzelplatten erkennbaren Maxima hinreichend dargestellt. Der Lichtwechsel dürfte richtig gedeutet sein.

3313. S 5272 Her RR Lyrae-Stern; $14^{m}_{.}9$—$15^{m}_{.}8$

$M = 242\,9747.477 + 0.5004362 \cdot E$

$M—m = 0^{d}_{.}055$ Typus RRa

Max.	E	$B—R$
2429747.487:	0	+0.010
2430224.376	953	—0.017
0464.572	1433	—0.030
0909.467:	2322	—0.023
1145.638:	2794	—0.058
1314.401:	3131	+0.058
1323.400:	3149	+0.049
1345.344:	3193	—0.026
1554.575:	3611	+0.023
1555.460:	3613	—0.093
1915.465	4332	+0.098
3090.467	6680	+0.076
3096.464:	6692	+0.068
3330.631:	7160	+0.031

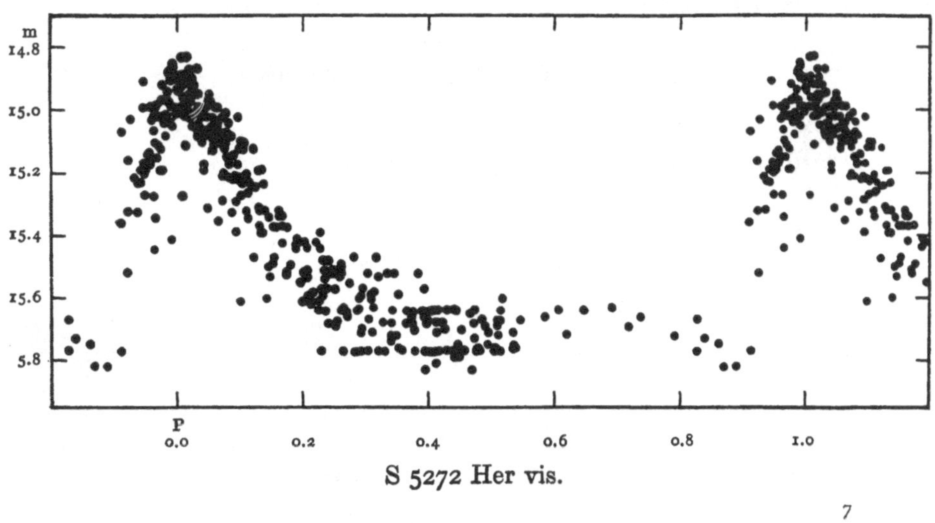

S 5272 Her vis.

Max.	E	B—R
2434152.412:	8802	+0.096
4180.473:	8858	+0.132
4190.476:	8878	+0.126
5988.400	12471	—0.017
6287.650	13069	—0.028
6288.659	13071	—0.020
6289.652	13073	—0.027
6447.330	13388	+0.013
6448.325*	13390	+0.007
6449.322*	13392	+0.003
6450.325*	13394	+0.006
6451.321	13396	+0.001
6452.320*	13398	—0.001
6453.323*	13400	+0.001
6457.322*	13408	—0.004
6459.322*	13412	—0.005
6460.324*	13414	—0.004
6461.325*	13416	—0.004
6462.331	13418	+0.001
6482.343*	13458	—0.004
6484.349	13462	0.000
6487.350	13468	—0.002

* besonders sicher visuell beobachtete Maxima.

Die photographischen Beobachtungen allein würden durch die Formel $M = 242\,9747.437 + 0.500454 \cdot E$ erheblich besser dargestellt. Die Periode scheint demnach gering veränderlich zu sein. Eine Dreiteilung anstelle der Zweiteilung des Tagesintervalls scheidet aus, weil in diesem Falle das Maximum bereits bei 243 6400, Mitte Juli 1958, zu Anfang der Nacht hätte beobachtet werden können, was nicht eingetreten ist.

3314. **171.1936 Her** Mira-Stern; $13^{\rm m}.1$—$16^{\rm m}.8$

$M = 242\,7730 + 308.65 \cdot E$

M—$m = 135^{\rm d}$ Form der Lichtkurve β_3

Max.	E	B—R	Min.	E	B—R
2427719	0	—11	2427580	0	—15
8340	2	— 7	7920	1	+16
8640	3	—16	8215	2	+ 3
8925:	4	—40	9440	6	— 7
9285	5	+12	9750	7	— 6
9887	7	— 4	2430060	8	— 4
2430205	8	+ 6	0365	9	— 8
0538	9	+30	0990	11	0
0840	10	+24	1285	12	—14
1145	11	+20	1620	13	+13
1450	12	+16	1925	14	+ 9

Max.	E	B—R	Min.	E	B—R
2432050	14	— 1	2433145	18	— 6
2965:	17	—12	3760	20	— 8
3290:	18	+ 4	5630	26	+10
3885:	20	—18			

Die meist flachen Maxima zeigen stärkere Unregelmäßigkeiten als die Minima. Die Amplitude ist veränderlich; die Maximalgrößen schwanken zwischen $13^m.1$ und $13^m.9$, die Minimalgrößen zwischen $16^m.1$ und $16^m.8$.

3315. **S 4147 Her** RR Lyrae-Stern; $15^m.2$—$15^m.7$ vis.

$M = 242\,7599.494 + 0.6309283 \cdot E$

$M—m = 0^d.205$ Typus RRb

Max.	E	B—R
2427599.498	0	+0.004
7924.402	515	—0.020
9322.591	2731	+0.032
9495.386	3005	—0.048
9691.581	3316	—0.071
9750.408	3409	+0.079
9878.363	3612	—0.044
2430129.422	4010	—0.094
0131.439	4013	+0.030
0254.343	4208	—0.097
0409.583	4454	—0.066
0464.572	4541	+0.033
0466.468	4544	+0.036
0787.628	5053	+0.053
1314.401	5888	+0.001
1345.344	5937	+0.029
3772.500	9784	+0.004
3798.425	9825	+0.060
5668.466	12789	+0.030

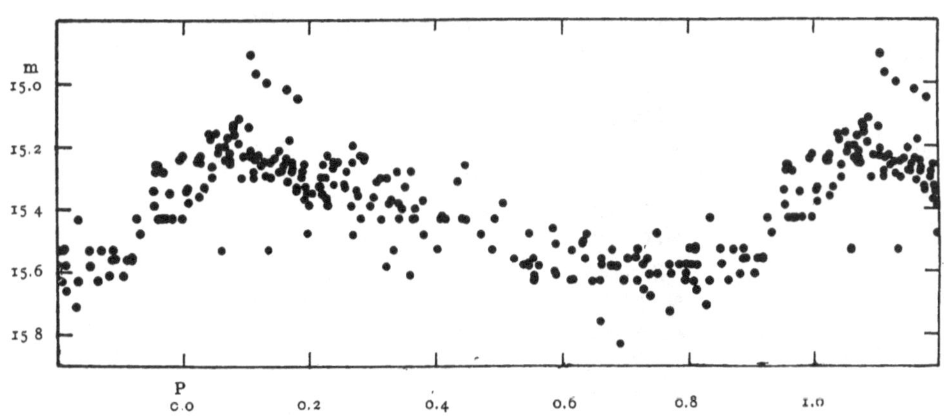

S 4147 Her vis.

Max.	E	B—R
2435989.580	13298	+0.001
5991.520	13301	+0.049
5996.505	13309	—0.014
6010.390	13331	—0.009
6015.414	13339	—0.033
6018.560	13344	—0.041
6020.485	13347	—0.009
6027.450:	13358	+0.016
6051.415:	13396	+0.005
6073.500	13431	+0.008
6075.360	13434	—0.025
6085.500	13450	+0.020
6125.274	13513	+0.046
6130.260	13521	—0.016

Es bestehen Anzeichen für Veränderlichkeit der Periode, doch läßt die Schwäche des Sterns keine Entscheidung zu.

3316. **172.1936 Her** RR Lyrae-Stern; $15^m.1$—$15^m.9$ vis.
$M = 242\,7543.503 + 0.6041644 \cdot E$
$M—m = 0^d.11$ Typus RRa,b Periode veränderlich?

Max.	E	B—R
2427543.473	0	—0.030
7719.296	291	—0.019
8341.469	1321	—0.135
9399.456	3072	—0.040
9428.451	3120	—0.045
9747.487	3648	—0.008
9752.396	3656	+0.068
2430380.658	4696	—0.001
0463.468	4833	+0.038
0466.468	4838	+0.018
0486.418	4871	+0.030
1145.638	5962	+0.107
1231.429	6104	+0.107
1588.426	6695	+0.042
1933.461	7266	+0.099
3798.425	10353	+0.008
5605.590	13344	+0.117
5933.537	13887	+0.003
5956.492	13925	0.000
5959.509	13930	—0.004
5962.524	13935	—0.010
5968.584	13945	+0.008
5979.455	13963	+0.004
5985.479	13973	—0.013

Max.	E	$B-R$
2435988.501	13978	—0.012
5991.507	13983	—0.027
5996.390	13991	+0.023
6005.450	14006	+0.020
6020.538	14031	+0.004
6023.548	14036	—0.007

Einige von der mittleren Kurve stark abweichende Punkte sind geprüft und deuten auf reelle Unregelmäßigkeiten hin.

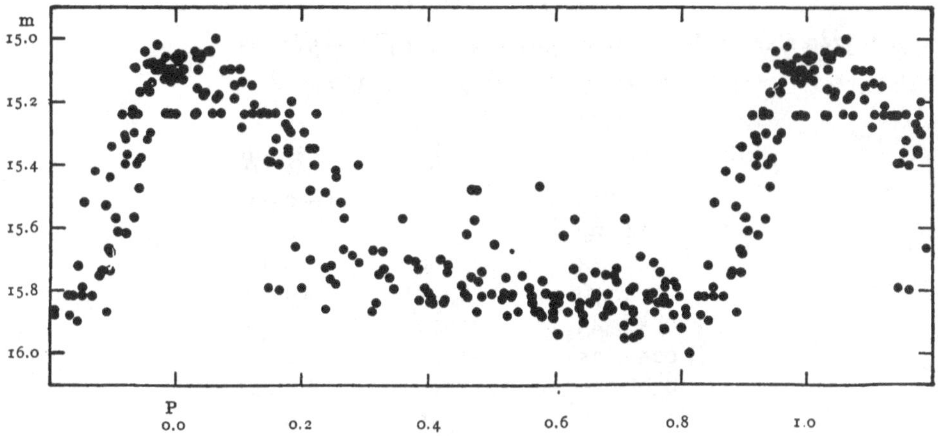

172.1936 Her vis.

3317. S 5299 Her RW Aurigae-ähnlich?; $16^m\!.2$—$17^m\!.4$

Auf allen 3 Plattenreihen (GA, SC, B) zeigt der Stern geringe, wahrscheinlich unperiodische Helligkeitsänderungen zwischen $16^m\!.8$ und $17^m\!.4$. Durch eine SC-Reihe ist folgender Aufstieg erfaßt, der sich nicht wiederholt hat: 243 5191.540 $16^m\!.84$:, 5191.575 $16^m\!.20$ gut, 5191.608 $15^m\!.78$ zweifelhaft. Zwei unsichere Einzelbeobachtungen zu anderen Zeiten liegen bei $16^m\!.5$. Die Entdeckung erfolgte indessen nicht unter Beteiligung einer dieser Platten, sondern auf einem Paar im Bereich der normalen Schwankungen. Nach der Palomar Obs.-Karte unterscheidet sich der Stern in der Farbe nicht von den Nachbarsternen. RR Lyrae-Art ist nicht ganz ausgeschlossen.

3318. S 4148 Her RR Lyrae-Stern; $16^m\!.1$—$16^m\!.7$

$M = 243\,5953.610 + 0.34784 \cdot E$

Typus RRc

Max.	E	$B-R$
2435953.584:	0	—0.026
5956.400:	8	+0.007
5957.450:	11	+0.014
5984.565	89	—0.003
5985.610	92	—0.001

Max.	E	$B-R$
243 5988.380	100	—0.014
5989.410	103	—0.028
5990.485	106	+0.004
5991.560	109	+0.035

Wegen der Schwierigkeit des Falles mußten sich die Bemühungen auf die Darstellung der auf Reihenplatten beobachteten Maxima beschränken, zumal die zeitlich weit zurückliegenden sonstigen Epochen unsicher und gering an Zahl sind.

3319. **S 5300 Her** W Ursae majoris-Stern; $15\overset{m}{.}3$—$15\overset{m}{.}7$ vis.

$m_1 = 243\,0024.654 + 0.3037689 \cdot E$

$A_1 = A_2 = 0\overset{m}{.}4$

Min.	$2\,E$	$B-R$
243 0024.659	0	+0.005
0114.467	591	+0.049
0129.422	690	—0.032
0224.376	1315	—0.006
0254.343	1512	+0.040
0259.325	1545	+0.010
0308.235	1867	+0.013
1203.411	7761	—0.018
1554.575	10073	—0.011
1588.426	10296	—0.030
4132.517	27046	—0.004
4152.412	27177	—0.006
4514.501	29561	—0.009
4533.500	29686	+0.004
4534.410	29692	+0.003
4535.440	29699	—0.030
5196.606	34052	—0.017
5220.455	34209	—0.014
5223.493	34229	—0.014
5224.562	34236	—0.008
5226.545	34249	0.000
5953.441	39035	—0.023
5956.509	39055	+0.008
5957.555	39062	—0.009
5962.578	39095	+0.001
6378.420	41833	—0.016
6392.427	41925	+0.017
6393.474	41932	+0.001
6394.522	41939	—0.014
6396.514	41952	+0.004
6399.391	41971	—0.005
6402.445	41991	+0.011

Min.	2E	B—R
2436403.488	41998	—0.009
6404.394	42004	—0.014
6407.433	42024	—0.013
6419.460	42103	+0.015
6420.508	42110	0.000
6421.420	42116	+0.001
6423.386	42129	—0.008
6449.382	42300	+0.016
6451.345	42313	+0.004
6452.405	42320	+0.001
6453.305	42326	—0.010
6453.467	42327	0.000
6456.356	42346	+0.003
6460.286	42372	—0.016
6461.370	42379	+0.005
6462.425	42386	—0.003
6482.316	42517	—0.009
6487.331	42550	—0.006

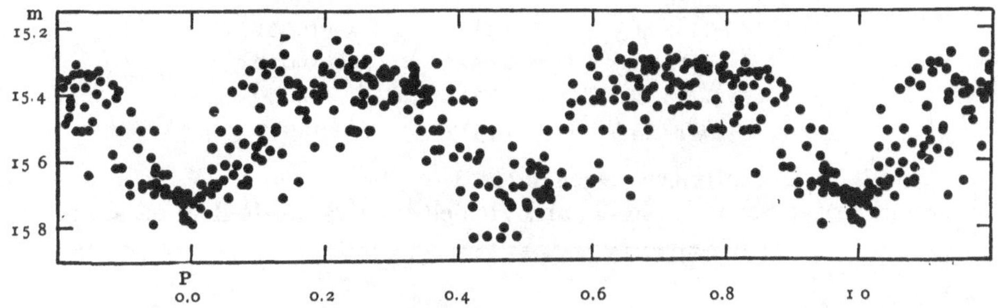

S 5300 Her vis.

3320. S 5273 Her RR Lyrae-Stern; $13^m.8$—$15^m.2$

$M = 242\,9037.358 + 0.5144034 \cdot E$

$M-m = 0^d.056$ Typus RRa

Max.	E	B—R
2429037.408	0	+0.050
9366.571	640	—0.005
9752.396	1390	+0.017
9790.465	1464	+0.020
9878.363	1635	—0.045
2430129.422	2123	—0.014
0201.434	2263	—0.019
0486.418	2817	—0.014
0793.542	3414	+0.011
0933.421	3686	—0.028
1002.351	3820	—0.028
1200.477	4205	+0.053
1254.458	4310	+0.021

Max.	*E*	*B—R*
2431255.454	4312	—0.011
1323.400	4444	+0.033
1562.547	4909	—0.017
1915.465	5595	+0.020
1933.461	5630	+0.012
3415.482	8511	+0.037
4131.501	9903	+0.006
4132.517	9905	—0.007
4133.564	9907	+0.012
5218.430	12016	+0.001
5219.460	12018	+0.002
5220.485	12020	—0.002
5223.578	12026	+0.005
5953.510	13445	—0.002
5957.625	13453	—0.002
5984.380	13505	+0.004
5985.410	13507	+0.005
5986.435	13509	+0.001
5987.463	13511	+0.001
5988.499	13513	+0.008
5989.520	13515	0.000
5990.542	13517	—0.007

Visuelle Beobachtungen liegen nicht vor; die letzten 16 Maxima sind aus Sonneberger Schmidtspiegel- und Heidelberger Bruce-Reihen erhalten.

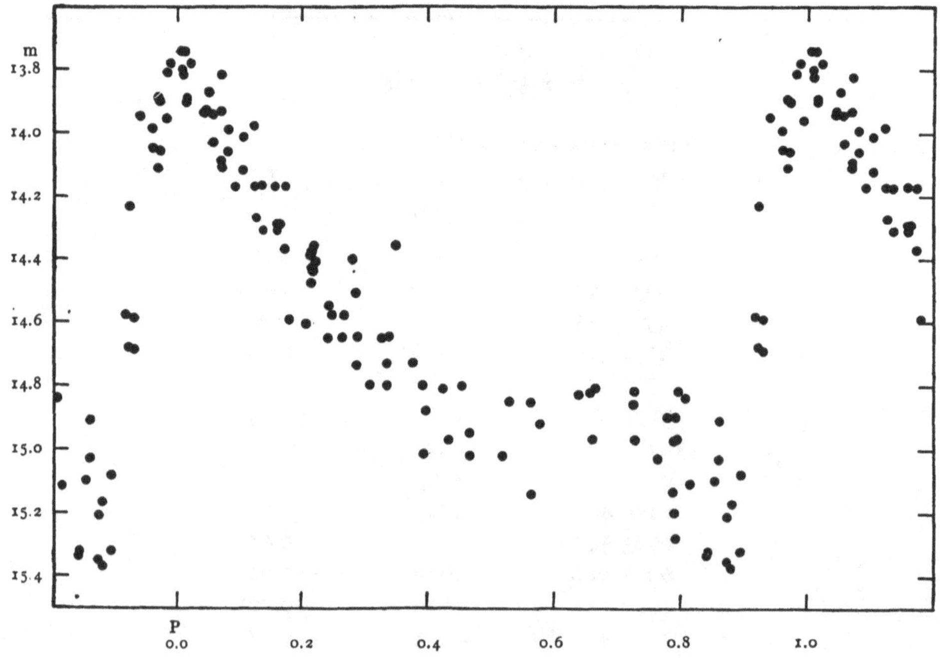

S 5273 Her

3321. S 5274 Her U Geminorum-ähnlich; $15^m.4$—$16^m.8$

Nach den Reihenaufnahmen führt der Stern raschverlaufende Helligkeitsänderungen von wenigen Zehnteln der Größenklasse Amplitude um die Mittelgröße $16^m.5$ aus. Daneben sind durch Einzelplatten beobachtet 1 Erhellung auf $15^m.39$ und 3 Erhellungen auf $15^m.8$. Über den Ablauf dieser Erscheinungen läßt sich nichts aussagen. Die Daten sind 243 0060.596 ($15^m.88$), 0787.628 ($15^m.39$), 1554.575 ($15^m.82$), 5953.584 ($15^m.82$); die letzten beiden Beobachtungen sind unsicher. Der Veränderliche ist kaum stärker gefärbt als die Nachbarsterne. Folgende Übersicht gibt die Verteilung der Beobachtungen:

Größe	GA	SC	B
$15^m.3$	1		
15.4			
15.5			
15.6			
15.7			
15.8	2		1
15.9			
16.0			
16.1	3		
16.2	3	4	3
16.3	8	15	6
16.4	5	8	4
16.5	6	13	7
16.6	12	6	
16.7	1	1	1
16.8	2		

3322. S 4149 Her RR Lyrae-Stern; $15^m.2$—$16^m.8$

$$M = 242\,9747.507 + 0.4776845 \cdot E$$

$M—m = 0^d.09$ Typus RRa

Max.	E	$B—R$
2429747.487	0	—0.020
2430254.343	1061	+0.013
0409.583	1386	+0.005
1554.575	3783	—0.012
4533.400	10019	—0.028
4534.360	10021	—0.023
5216.520	11449	+0.003
5217.490	11451	+0.018
5218.400	11453	—0.028
5963.625	13013	+0.010
5985.600	13059	+0.011
5986.555	13061	+0.011
5987.498	13063	—0.002

Max.	E	$B-R$
2435988.455	13065	0.000
5989.412	13067	+0.002

Die Beobachtung im schwachen Licht wird durch einen nahen Nachbarstern nf $16^m.1$ erschwert.

3323. S 3469 = 142.1943 **Her** RR Lyrae-Stern; $13^m.6$—$15^m.1$

$M = 242\,7550.530 + 0.6339664 \cdot E$

$M-m = 0^d070$ Typus RRa

Max.	E	$B-R$
2427550.587	0	+0.057
8314.419	1205	−0.041
9045.432	2358	+0.009
9750.408	3470	+0.015
2430077.571	3986	+0.051
0103.491	4027	−0.022
0131.439	4071	+0.032
0308.235	4350	−0.049
0486.418	4631	−0.010
0583.428	4784	+0.003
0820.444	5158	−0.085
1203.411	5762	−0.033
1224.392	5795	+0.027

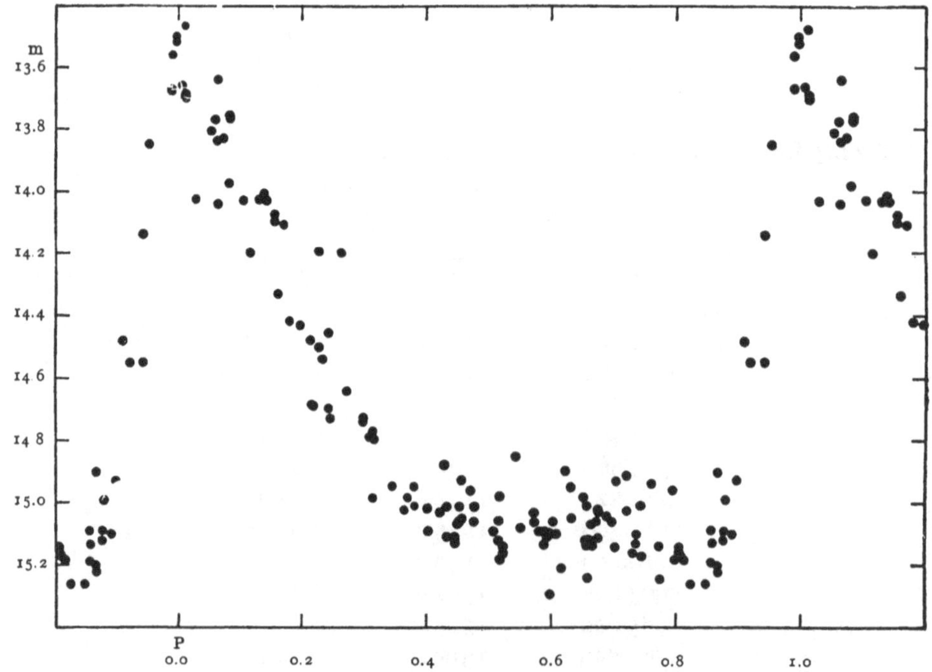

S 3469 = 142.1943 Her

Max.	E	$B—R$
243 1231.429	5806	+0.090
1255.454	5844	+0.024
1314.401	5937	+0.012
1530.601	6278	+0.030
1610.464	6404	+0.013
3096.464	8748	—0.004
3439.466	9289	+0.022
3749.544	9778	+0.091
3768.470	9808	—0.002
3773.520	9816	—0.024
3827.435	9901	+0.004
4163.516	10431	+0.082
4518.506	10991	+0.051
4532.448	11013	+0.046
5216.435*	12092	—0.017
5223.395*	12103	—0.030
5226.580*	12108	—0.015
5609.528	12712	+0.017
5957.555*	13261	—0.003
5983.549*	13302	—0.002
5985.430*	13305	—0.023
5987.350*	13308	—0.005
5990.535*	13313	+0.010

* Maxima aus mehreren Platten in einer Nacht.

3324. **S 5301 Her** RR Lyrae-Stern; $15\overset{m}{.}8$—$17\overset{m}{.}0$

Das Material über diesen Stern ist sehr spärlich. Auf den Astrographenplatten steht er sehr randnah und wird durch die Coma hellerer Nachbarsterne zugedeckt. Gefunden wurde er auf Platten der Schmidt-Kamera, doch liegen für dieses Teilfeld nur 8 Aufnahmen vor. Weiter steht eine kurze Reihe von 60 Platten an 10 aufeinanderfolgenden Tagen vom Bruce-Astrographen der Sternwarte Heidelberg-Königstuhl zur Verfügung. Der Stern steht hier günstiger, und das bessere der beiden Objektive zeigt ihn auf der Mehrzahl der Platten nur wenig gestört. Diese Reihe und die Reihe der Schmidtkamera ergeben 2 gute Maxima 243 5988.505 und 5989.500. Ferner liegen 51, wegen der hellen Nachbarsterne meist unsichere, visuelle Beobachtungen vor, die 1 gutes Maximum 6482.342 aufweisen. Die Heidelberger Reihe scheint zu zeigen, daß die Periode sehr nahe bei $0\overset{d}{.}5$ liegt. Versuchsweise gebe ich die Formel

$$M = 243\,6482.340 + 0.51485 \cdot E\,.$$

Nach Palomar Obs.-Karte ist der Stern etwas blauer als das Mittel der Nachbarsterne.

3325. **S 5275 Her** RR Lyrae-Stern; $14\overset{m}{.}7$—$15\overset{m}{.}8$

$$M = 242\,8302.387 + 0.5740059 \cdot E$$
$$M—m = 0\overset{d}{.}085 \quad \text{Typus RRa}$$

Max.	E	$B-R$
2428302.425	0	+0.038
9366.571	1854	—0.023
9369.508	1859	+0.044
2430060.596	3063	+0.029
0102.478	3136	+0.008
0129.422	3183	—0.026
0409.583	3671	+0.020
0463.468	3765	—0.051
1203.411	5054	—0.002
1587.428	5723	+0.005
4534.417	10857	+0.048
4535.515	10859	—0.002
5191.585	12002	—0.021
5217.458	12047	+0.022
5226.593	12063	—0.027
5962.495	13345	—0.001

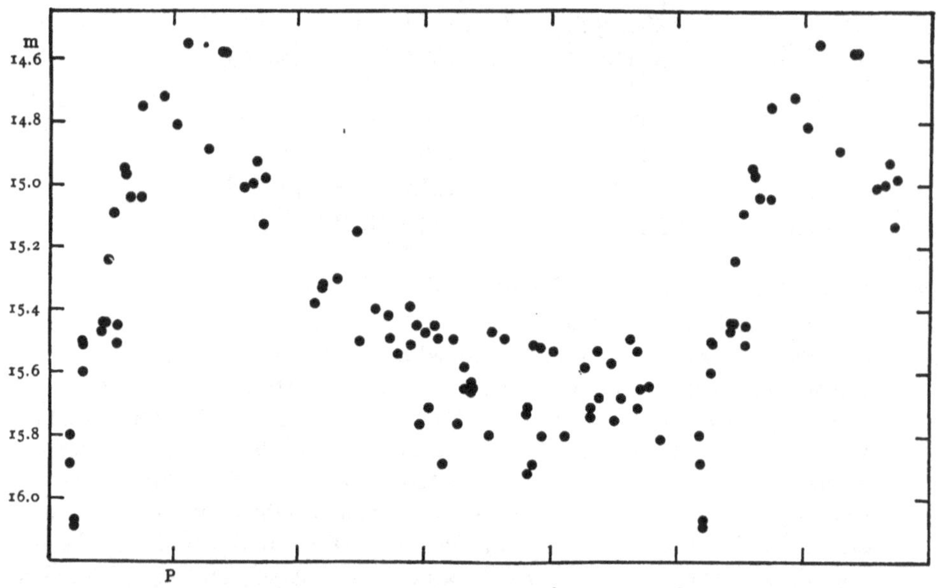

S 5275 Her

3326. S 4150 Her RR Lyrae-Stern; $16^{m}.1$—$17^{m}.1$

$$M = 242\,9022.583 + 0.597303 \cdot E$$

Max.	E	$B-R$
2429022.537:	0	—0.046
9402.456	636	—0.012
9691.581	1120	+0.019
2430224.376	2012	+0.019
0382.662:	2277	+0.020

Max.	E	B—R
243 0464.572:	2414	+0.100
0909.467:	3159	+0.004
1314.401	3837	—0.034
1554.575	4239	+0.025

Die Richtigkeit der Periode ist nicht garantiert, da der Stern zu schwach ist und Reihenplatten fehlen.

3327. **S 5302 Her** W Ursae majoris-Stern; $16^m_.4$—$17^m_.1$

$m_1 = 242\,9402.420 + 0.4632348 \cdot E$

$A_1 = A_2 = 0^m_.7$

Min.	2E	B—R
242 9402.456	0	+0.036
9747.487	1490	—0.043
243 0077.571	2915	—0.014
0145.439	3208	—0.010
0464.572	4586	—0.045
1145.638	7526	+0.065
1200.477	7763	+0.011
1223.413	7862	+0.017
1314.401	8255	—0.021
4180.473	20629	+0.018
4501.476	22015	—0.001
4533.417	22153	—0.023
5191.510	24994	+0.045
5219.494	25115	+0.003
5955.540	28293	—0.031
5962.535	28323	+0.015

3328. **S 5303 Her** RR Lyrae-Stern; $16^m_.2$—$17^m_.2$

$M = 242\,9022.517 + 0.5163648 \cdot E$

$M—m = 0^d_.15$ Typus RRb

Max.	E	B—R
242 9022.537	0	+0.020
9429.429:	788	+0.017
9747.487	1404	—0.006
243 0308.235	2490	—0.030
0382.662	2634	+0.040
0457.496:	2779	+0.001
1200.477:	4218	—0.067
4133.564:	9898	+0.068
4163.516:	9956	+0.071
4513.519	10634	—0.021
4514.539	10636	—0.034
5191.575	11947	+0.048

Max.	E	B—R
2435217.380	11997	+0.034
5219.395	12001	—0.016
5220.430	12003	—0.014
5223.550	12009	+0.008
5960.390	13436	—0.004
5962.460	13440	0.000
5963.475	13442	—0.018

Das Zeichen : bedeutet hier, daß zur angegebenen Epoche die Helligkeit etwas unter Maximalgröße, zwischen 16ᵐ41 und 16ᵐ52, beobachtet ist.

3329. **S 4151 = NW Her** Z Aquarii-Art; 15ᵐ1—17ᵐ0

$M = 242\,7573 + 127.12 \cdot E$

$M—m = 55^d$: Form der Lichtkurve β_2

Max.	E	B—R
2427575	0	+ 2
8341:	6	+ 5
9365	14	+12
9735	17	+ 1
2430107	20	— 8
0239	21	— 4
0363	22	— 7
0486	23	—11
0870	26	— 8
1003	27	— 2
1133:	28	+ 1
1254	29	— 5
1638:	32	— 3
3030:	43	— 9
3810:	49	+ 8
5582:	63	0
5712:	64	+ 3

Die angegebenen Extremhelligkeiten werden nicht in allen Zyklen erreicht; Maxima und Minima schwanken um einige Zehntel der Größenklasse. Der Gang der *B—R* weist auf die Möglichkeit einer Veränderlichkeit der Periode hin.

3330. **S 5276 Her** RR Lyrae-Stern; 16ᵐ2—17ᵐ0

$M = 242\,9366.556 + 0.746803 \cdot E$

Typus RRb

Max.	E	B—R
2429366.571	0	+0.015
9399.456	44	+0.041
9402.456	48	+0.053
9747.487	510	+0.061

Max.	E	$B-R$
243 0101.438	984	+0.028
0787.628	1903	—0.094
0876.465	2022	—0.127
1451.706:	2792	+0.076
1587.428:	2974	—0.120
5985.495	8863	+0.024
5988.455	8867	—0.003
5991.440	8871	—0.005

Die letzten 3 Epochen beruhen auf Reihen. Die Maxima sind schwer bestimmbar, da die Lichtänderung während $0^d.15$ sehr gering ist. Die ebenfalls in Betracht gezogene Lösung P = $1^d 49$ scheint durch die Beobachtungen im Minimum widerlegt.

3331. **173.1936 Her** μ Cephei-Art; $13^m.6$—$14^m.5$

Der Stern ist gelb bis rötlich. Der Lichtwechsel zeigt Wellen von 80^d bis etwa 150^d Länge ohne Regelmäßigkeit, wobei die Amplitude selten größer als $0^m.5$ ist. Zeitweilig ist der Lichtwechsel über fast 200^d hinweg stark abgeschwächt; einmal ist über 120^d fast Stillstand beobachtet. Bei 243 5610 ist ein Aufstieg um etwa $0^m.6$ innerhalb von höchstens 20^d belegt.

3332. **S 5304 Her** RR Lyrae-Stern; $14^m.7$—$15^m.6$ vis.

$M = 242\,8248.482 + 0.3\,149\,948 \cdot E$

$M-m = 0^d.1$: Typus RRb:

Max.	E	$B-R$
242 8248.542	0	+0.060
9399.456	3654	—0.017
243 0103.491	5889	+0.005
0104.454	5892	+0.023
0224.376	6273	—0.068
0254.343	6368	—0.026
0259.325	6384	—0.084
0382.662	6775	+0.090
0585.380	7419	—0.048
0876.465	8343	—0.019
1255.454	9546	+0.032
1587.428	10600	+0.001
1964.446	11797	—0.030
3390.454	16324	—0.003
4535.470	19959	+0.007
5191.575	22042	—0.022
5217.405	22124	—0.022
5226.563	22153	+0.001
5571.485	23248	+0.004
5953.583	24461	+0.013
5955.445	24467	—0.015

Max.	E	$B-R$
2435956.385	24470	—0.020
5960.490	24483	—0.010
5962.412	24489	+0.022
5983.548	24556	+0.054
5984.480	24559	+0.041
5985.420	24562	+0.036
5989.490	24575	+0.011
5990.435	24578	+0.011
6378.516	25810	+0.018
6395.533	25864	+0.025
6396.473	25867	+0.021
6402.482	25886	+0.045
6403.390	25889	+0.008
6404.337	25892	+0.010
6414.455	25924	+0.048
6415.394	25927	+0.042
6419.492	25940	+0.045
6420.411	25943	+0.019
6421.345	25946	+0.008
6448.390	26032	—0.037
6449.330	26035	—0.042
6450.320	26038	+0.003
6453.459	26048	—0.008
6454.387	26051	—0.025
6459.431	26067	—0.020
6460.364	26070	—0.032
6461.310	26073	—0.031
6484.343	26146	+0.007

Die Zeichenfolgen bei den visuell beobachteten Maxima deuten auf Periodenänderung hin. Indessen ist zu beachten, daß das Maximum flach und der Stern wegen Störung durch einen hellen Nachbarstern und ungünstige Vergleichsterne visuell schwierig zu beobachten ist.

3333. **S 4152 Her** Halbregelmäßig; $14^{m}.1$—$15^{m}.8$

$M = 243\,0049 + 205.9 \cdot E$

Max.	E	$B-R$
2430045	0	— 4
0257	1	+ 2
0475	2	+14
1275	6	— 9
1900	9	— 2
3370:	16	+27
5600	27	— 8

Durch Beobachtungen belegt sind auch die Maxima —1 und —5; von —2 ist ein Teil des Abstiegs beobachtet. Dagegen entspricht dem Maximum —3 ein Abstieg mit der Größe $15^m_.2$ nach einem flachen Maximum $14^m_.5$ bei 242 9355. Die Kurvengestalt weist allgemein starke Unregelmäßigkeiten auf. Der Stern ist rötlich, seine Beobachtung war durch Randnähe erschwert.

3334. **S 5277 Her** RR Lyrae-Stern; $16^m_.1$—$17^m_.0$

$M = 242\,9322.581 + 0.6260952 \cdot E$
$M—m = 0^d_.125$ Typus RRb

Max.	*E*	*B—R*
2429322.591	0	+0.010
2430101.438	1244	—0.005
0131.439	1292	—0.057
0259.325	1496	+0.106
0380.658	1690	—0.024
0409.583	1736	+0.101
0464.572	1824	—0.007
0486.418	1859	—0.074
0787.628	2340	—0.016
1203.411	3004	+0.040
4513.519	8291	—0.017
4535.450	8326	0.000
5191.610	9374	+0.013
5196.606	9382	0.000
5985.493	10642	+0.007
5990.487	10650	—0.008

3335. **S 4153 Her** RR Lyrae-Stern; $13^m_.8$—$15^m_.4$

$M = 242\,9022.532 + 0.4792011 \cdot E$
$M—m = 0^d_.075$ Typus RRa

Max.	*E*	*B—R*
2429022.537	0	+0.005
9366.571	718	—0.027
9369.508	724	+0.034
9428.451	847	+0.036
2430224.376	2508	+0.008
0259.325	2581	—0.025
0308.235	2683	+0.006
1200.477	4545	—0.024
1454.575	5284	—0.056
5196.533	12884	—0.026
5220.490	12934	—0.029
5957.555	14472	+0.025
5984.375	14528	+0.009
5991.535	14543	—0.019

Die 9 ersten Epochen beruhen auf Einzelplatten, die folgenden auf Reihen.

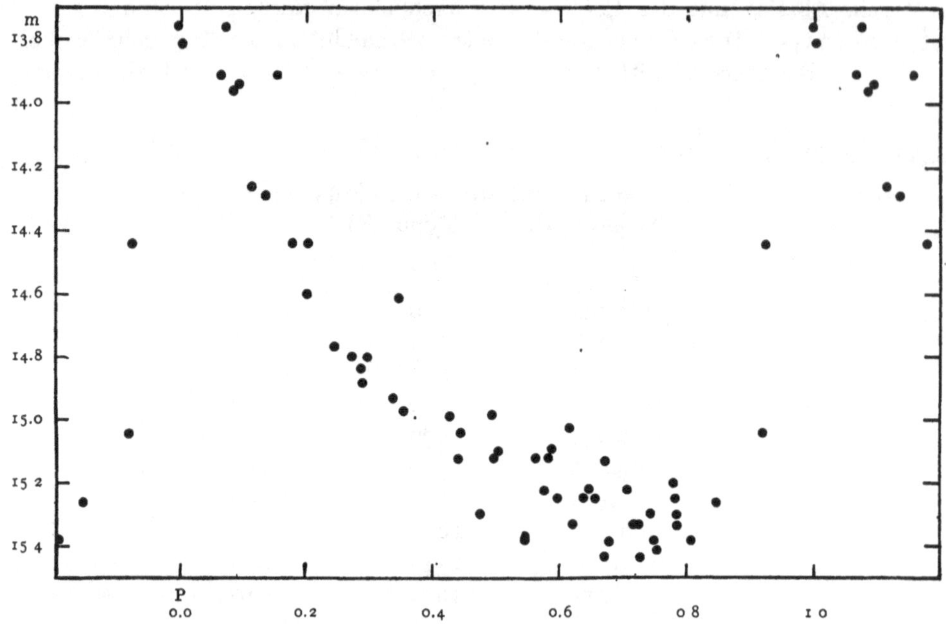

S 4153 Her

3336. 356.1933 = **NX Her** Mirastern; $13^m_.2$—$17^m_.1$

$$M = 242\,6157 + 293.6 \cdot E$$

M—$m = 137^d$ Form der Lichtkurve β_1

Max.	E	B—R
2426160:	0	+ 3
6451	1	0
6760:	2	+16
9375	11	—12
9674:	12	— 6
2430259	14	— 8
0557	15	— 4
0854	16	— 1
1152	17	+ 4
1450	18	+ 8
5258	31	— 1

Die Teilreihe $E = 11$ bis 18 deutet auf eine etwas längere instantane Periode hin. Die auf dem absteigenden Ast des Maximums $E = 26$ liegende Beobachtung auf Palomar Obs.-Karte O 274, 2433835 $14^m_.7$, entspricht der Formel. Auf der Karte E 274 ist der Veränderliche relativ zu den Nachbarsternen um $1^m_.1$ heller.

Aus unserer Zeitschriftenproduktion·

ASTRONOMISCHE NACHRICHTEN

Begründet 1821 von H. C. Schumacher

Im Auftrage der Deutschen Akademie der Wissenschaften zu Berlin herausgegeben

von J. Wempe

Die „Astronomischen Nachrichten" veröffentlichen seit ihrer Gründung im Jahre 1821 neue Erkenntnisse und Beobachtungen aus dem Gesamtgebiet der Astronomie und ihrer Nachbarwissenschaften. In den nunmehr 284 Bänden der Zeitschrift geben zahlreiche Originalarbeiten von Astronomen vieler Länder ein Abbild von der Entwicklung der astronomischen Forschung seit mehr als einem Jahrhundert. Trotz mehrfachen Wechsels von Erscheinungsweise und Druckart bewahren die Astronomischen Nachrichten ihre Tradition, astronomische Beobachtungen und Forschungsergebnisse den Fachgenossen der ganzen Welt zugänglich zu machen.

Erscheinungsweise zwanglos (nicht mehr als 2 Bände mit je 6 Heften im Jahr) mit einem Umfang von 48 Seiten im Format 21 × 29,7 cm, mit Abbildungen.

Bezugspreis pro Heft DM 7,—

Bestellungen durch eine Buchhandlung erbeten

A K A D E M I E - V E R L A G · B E R L I N

Geschichte des Fixsternhimmels

Geschichte des Fixsternhimmels, enthaltend die Sternörter der Kataloge des 18. und 19. Jahrhunderts. Herausgegeben vom Astronomischen Recheninstitut der Deutschen Akademie der Wissenschaften zu Berlin

Abteilung II — Der südliche Sternhimmel

Band 20 **19^h Rektaszension.** Bearbeitet von GERHARD FELSMANN
1. Lieferung: 0^m—25^m59^s
1960. XVI, 200 Seiten — 4° — DM 42,50

Band 21 **20^h Rektaszension.** Bearbeitet von MARTIN LANGE
1. Lieferung: 0^m—25^m59^s
1959. XV, 188 Seiten — 4° — DM 14,—

Band 22 **21^h Rektaszension.** Bearbeitet von GERHARD FELSMANN
1. Lieferung: 0^m—25^m59^s
1957. XIV, 165 Seiten — 4° — DM 40,—

Band 22 **21^h Rektaszension**
2. Lieferung: 25^m—59^m
1958. 202 Seiten — 4° — DM 42,—

Band 23 **22^h Rektaszension.** Bearbeitet von JULIUS DICK
1. Lieferung: 0^m—25^m59^s
1956. XIV, 146 Seiten — 4° — DM 39,—
2. Lieferung: 26^m—59^m. Bearbeitet von IRMGARD MEISTER
1958. VI, 182 Seiten — 4° — DM 29,50

Band 24 **23^h Rektaszension**
1. Lieferung: 0^m—25^m
1952. XIV, 64 Seiten — 4° —
2. Lieferung: $25{,}1^m$—59^m
1955. 90 Seiten — 4° — Beide Lieferungen zusammen DM 130,—

Bestellungen durch eine Buchhandlung erbeten

A K A D E M I E - V E R L A G · B E R L I N

In der gleichen Schriftenreihe erschienen seit 1956:

2/5 W. Götz / W. Wenzel: **Die veränderlichen Sterne der nördlichen Milchstraße.** Teil VIII
1956. 88 Seiten — 44 Abbildungen — gr. 8° — DM 12,—

2/6 Nikolaus Richter: **Experimentelle Untersuchungen zur Beleuchtung staubförmiger Wolken.** I. Teil — Grobe Partikel
1956. 24 Seiten — 13 Abbildungen — 14 Kunstdrucktafeln gr. 8° — DM 7,—

3/1 Cuno Hoffmeister: **Bearbeitung des Lichtwechsels von 75 kurzperiodischen veränderlichen Sternen zwischen 25° und 90° südlicher Deklination**
1956. 86 Seiten — 79 Abbildungen — gr. 8° — DM 11,—

3/2 Cuno Hoffmeister: **Messungen zur atmosphärischen Optik in Südwest-Afrika**
(Ergebnisse der Beobachtungen in Südwestafrika 1952 bis 1953; dritte Mitteilung)
1956. 246 Seiten — 20 Abbildungen — 80 Tabellen — gr. 8° — DM 36,—

3/3 Cuno Hoffmeister: **I. Über das Verhalten von drei typischen und sechs atypischen RW Aurigae-Sternen. II. Bearbeitung des Lichtwechsels von 10 südlichen veränderlichen Sternen**
(Ergebnisse und Beobachtungen in Südwestafrika 1952—1953, 6. und 7. Lieferung)
1958. 115 Seiten — 8 Abbildungen — 21 Tafeln — gr. 8° — DM 17,—

3/4 Cuno Hoffmeister: **Beobachtungen hochatmosphärischer Erhellungen des Nachthimmels in Südwestafrika 1952—53**
(Ergebnisse der Beobachtungen in Südwestafrika 1952—1953, 8. Lieferung)
1958. 32 Seiten — gr. 8° — DM 3,80

4/1 Cuno Hoffmeister: **Photographische Aufnahmen von Kometen**
1960. VI, 58 Tafelseiten — 68 Abbildungen — gr. 8° — DM 15,50

4/2 Waldemar Götz / Hans Huth / Cuno Hoffmeister: **Die veränderlichen Sterne der nördlichen Milchstraße,** Teil IX
1957. 116 Seiten — 96 Abbildungen — gr. 8° — DM 16,50

4/3 Waldemar Götz / Hans Huth: **Die veränderlichen Sterne der nördlichen Milchstraße,** Teil X
1958. 45 Seiten — 24 Abbildungen — gr. 8° — DM 7,50

4/4 Cuno Hoffmeister: **Beobachtungen des verstärkten Nachthimmelleuchtens in den Jahren 1946—1957**
1959. 30 Seiten — gr. 8° — DM 3,50

4/5 Vorliegendes Heft

Bestellungen durch eine Buchhandlung erbeten

A K A D E M I E - V E R L A G · B E R L I N

VERÖFFENTLICHUNGEN DER STERNWARTE BABELSBERG
DER DEUTSCHEN AKADEMIE DER WISSENSCHAFTEN ZU BERLIN

In dieser Schriftenreihe erschienen bisher:

Band XIII

1 HORST SCHMIDT: **Photographische Photometrie von Sternspektren mit dem Interferenzmikroskop**

1960. 48 Seiten — 56 Abbildungen — 10 Tabellen — 4° — DM 17,50

2 **Mikrometermessungen von Doppelsternen in den Jahren 1956—1958.** Bearbeitet von HORST PAUSCHER

1959. IV, 23 Seiten — 4° — DM 4,90

3 PETER NOTNI / HANS OLEAK: **Die Bewegung eines rotierenden zylinderförmigen Satelliten in der Atmosphäre**

2., unveränderte Auflage. 1960. 30 Seiten — 5 Abbildungen — 4° — DM 3,80

4 PETER NOTNI / HANS OLEAK: **Die Rotation der Trägerrakete von Sputnik III (1958 δ 1)**

2., unveränderte Auflage. 1960. 26 Seiten — 4 Abbildungen — 5 Tabellen — 4° — DM 3,40

5 PETER NOTNI / HANS OLEAK: **Die Bewegung eines rotierenden zylinderförmigen Satelliten in der Atmosphäre. Teil II**

1960. 45 Seiten — 8 Abbildungen — 4° — DM 5,20

Bestellungen durch eine Buchhandlung erbeten

AKADEMIE-VERLAG · BERLIN

MIX
Papier | Fördert
gute Waldnutzung
FSC® C083411

Zeitfracht Medien GmbH
Ferdinand-Jühlke-Straße 7
99095 Erfurt, Deutschland
produktsicherheit@kolibri360.de